餐桌上的

Hiii ANSHA

安夏 著

人氣甜點

安夏司康、蛋糕、塔派、比司吉、瑪德蓮、造型餅乾…
減醣烘焙也OK，超美味打卡食譜在家做

在家也可以做出
夢幻甜點！

安夏其實是護理出身，但從小就超愛烘焙烹飪，大概是受奶奶和媽媽的影響很大，小時候常跟著奶奶全家人自己包肉粽、搓湯圓，跟媽媽一起揉著饅頭，跟姊姊一起烤蛋糕。製作料理、甜點時沒有任何煩惱，只專注於眼前的手作，成功後的大大成就感，讓人變得有自信！

喜歡嘗試創意料理，雖然有時候成品不盡人意，但這也是料理有趣的地方。後來為了一雙寶貝兒女，開始常常製作各式點心，畢竟孩子的食物最重要，市售的食物充滿污染和人工添加物，所以親自動手做，讓家人吃的營養又健康！

然後慢慢在網路上分享食譜與烘焙經驗，當一位烘焙部落客，曾為許多大品牌研發分享食譜，以及錄製食譜影片和授課，因緣際會下開始在手作市集販售自己做的糕點，其中又以司康和鹹派最為熱賣，開始慢慢把重心轉到販售司康。

因為販售司康有小小成就，於是成立「Hiii ANSHA 安夏司康」，希望能用這雙溫暖的手，製作純樸美味的菓食，牽起我與大家之間的美味關係！

《餐桌上的人氣甜點》內容豐富完整，6 大主題 60 道最想跟著學的甜點，蛋糕、鹹派、甜派、司康、比司吉、布朗尼、泡芙、布丁、甜甜圈、鬆餅、費蘭雪、瑪德蓮、鮮奶酪、雪 Q 餅、銅鑼燒、造型餅乾到減醣烘焙，新手零基礎也沒問題，從初級到進階，標示難易程度，不同變化應有盡有，網路最受歡迎、詢問度最高的人氣甜點在家自己做！

　　製作點心時不能急躁要有耐心，一開始建議完全照著食譜製作，等到熟悉糕點的烘焙原理後，再慢慢依照自己需求更改，雖然有些甜點較費時，但完成後的成就感，讓一切都值得！

目錄 Contents

3

好吃到停不下來的人氣蛋糕

戚風蛋糕／基礎戚風蛋糕、優格戚風蛋糕、巧克力棉花蛋糕、
草莓鮮奶油巧克力蛋糕、大理石蛋糕

奶油蛋糕／酒漬莓果蛋糕、檸檬蛋糕、抹茶栗子雙色蛋糕

4

是主食也是點心的豐盛塔派

5

有點餓又不太餓的美味小點

6
小朋友最愛的超萌造型餅乾

7
吃滿足又零負擔的減醣烘焙

1

關於烘焙

基本工具

▌攪拌盆

圓弧形的盆底不卡麵糊,選擇可加熱的材質,準備大中小的各類尺寸,方便製作時更換使用。

▌自動打蛋器／攪拌器

能快速打發雞蛋和奶油,製作蛋糕的好幫手。要選擇可以調節速度的類型,可依照不同狀態調節速度。

▌打蛋器／攪拌器

特殊的鋼線造型,在攪拌時能打入空氣,適合混合較稀的麵糊或液體,也能打發雞蛋或奶油,但會較為費力、也花時間。

▌篩網

所有糕點製作,都要先將麵粉過篩,避免麵粉結塊。市售的篩網,也有手持把柄或是電動粉篩,選擇網洞較細的能確實過濾。

▍切板／刮板

適合切奶油或分割麵糰，能混拌和整平。也有塑膠材質較有彈性，但有碎裂的風險，所以不適合切冰奶油之類的較硬食材。

▍橡皮刮刀

準備不同尺寸，耐熱的材質能廣為使用。可以混拌麵糰，也能在食材加熱時攪拌。橡皮材質有彈性，可以刮落附著在碗盆周邊的麵糊不浪費。

▍量匙

食材除了秤重之外，也很常使用量匙來進行添加，秤量時以滿滿一平匙的食材為主。1 大匙 =15c.c.、1 小匙 =5c.c.。

▍擀麵棍

擀平麵糰時使用，也有尺寸較小的方便擀水餃皮之類的小餅皮。有各種材質可選擇，建議使用基本的木製材質即可。

▍烘焙紙

可以舖放在烤盤或烤模裡，能自行剪裁成需要的尺寸。能當饅頭紙之類的蒸紙使用，也有能重複使用的特殊材質，但須確認其耐熱度。

電子磅秤

比一般傳統彈簧秤更加精準，
數字直接一目瞭然。選擇可量
範圍 2～3 公斤，將容器置於
上方後，記得
歸零再秤重
材料。

隔熱手套

烘烤完點心時，戴上手套將烤盤取出，
比拿布墊著方便，也安全。選擇手套
長度到前臂的一半，那邊也是常常會
被燙到的部位之一。

大淺盤

尺寸和自家烤箱一樣大，可將烘烤的點心直
接放上去，也能冷卻時排放。較深一些的淺
盤還能注入水，用於隔水加熱的蒸烤點心。

擠花袋

方便麵糊分量或擠花餅乾等，用途非常廣泛，有
分拋棄性和重複材質，也有不同尺寸可選擇。

擠花嘴

用於奶油擠花或餅乾造型使用，多種的花嘴款式
能變化各種造型。

▌圓形壓模

準備多種尺寸方便使用，除了當麵糰壓模，也能直接將麵糊倒入裡面烘烤，或麵包定型等多種使用方式。

▌造型壓模

各種類型圖案用在餅乾造型，鐵製壓模也能用在紅蘿蔔之類的造型使用。

▌烘烤小紙杯

萬用小紙模可用在許多蛋糕麵糊，如果一開始沒有需要的造型烤模可使用，都能先使用紙杯小烤模烘烤，但需另行調整烘烤時間。

▌圓形烤模

基礎的圓形用在蛋糕等烘烤，可選擇模具底部可拆卸活動，方便脫模使用。

▌中空戚風蛋糕模

中央有煙囪型圓柱，一般使用於戚風蛋糕烘烤，也能當麵包排放造型使用。

▌長型烤模

製作磅蛋糕常使用的模具，使用時都會舖一層烘焙紙，尺寸非常多，可依照需要的大小分量選購。

▌派模

有分深淺派模，本書都是使用深派模，可選擇模具底部可拆卸活動，方便脫模使用。

▌派石

烘烤派皮時壓在麵糰上，避免派皮膨脹隆起，也可用豆類代替使用。

基本食材

▍麵粉

每一家麵粉的香氣和吸水度都有些微差異,在製作糕點時,麵粉都需過篩,除了避免結塊外,在灑落過程中也能包裹空氣,讓糕點更加蓬鬆。

- **高筋麵粉**:蛋白質含量 12% 左右,筋性和延展性高,適合製作有彈性的糕點,例如麵包或披薩。

- **中筋麵粉**:蛋白質含量 9% 左右,是非常通用的麵粉,筋性適中,用途非常廣,大部分用在製作饅頭或抓餅等各類餅皮。

- **低筋麵粉**:蛋白質含量 7% 左右,筋性低,適合用來製作甜點,例如蛋糕、餅乾、鬆餅之類口感鬆軟的點心。

▍糖

糖類絕對是所有糕點的主要材料之一,不同的糖風味各異,甜度也略有不同,大部分都會使用白細砂糖來製作。

▎奶油

- **無鹽奶油 & 有鹽奶油**：市面上最常見的兩種奶油，其中加入鹽份的奶油保質期較長，適合加入料理或直接塗抹在麵包上。烘焙基本上都是使用無鹽奶油避免過鹹。

Tips

食譜中都是使用無鹽奶油來製作，不同產區製作的奶油香氣都天差地遠，安夏喜歡使用發酵奶油，獨特的味道能讓糕點更有風味。

- **發酵奶油**：製作過程中會加入生菌，等待發酵熟成，奶油會帶點酸度，讓其風味更加豐富，價格比較高。發酵奶油也有無鹽和有鹽可選擇。

- **奶油起司**：製作起司蛋糕的主要材料，是由奶油和鮮奶油混合製成，也能直接塗抹於糕點上食用。

▎雞蛋

如果沒有特別標註重量，都是使用中型尺寸的雞蛋，扣掉蛋殼，重量約在 50 ～ 55g。雞蛋小則 40g ，大至 70g 的重量都有，一來一往的差別很大，也會影響到成品。

烘焙 QA

烤箱＆烤模需注意的地方？

在製作所有糕點時，一定要先將烤箱調至需要的溫度進行預熱完成，才能將食材放進烘烤！

烤模的厚薄和材質都會影響導熱度，每台烤箱的溫度也都會有差異。如果是新手，請先參考食譜中的時間及溫度製作，後半時間最好在烤箱前注意烘烤狀態來調整。如果你已經跟家裡的烤箱非常熟悉，則直接依照經驗加以調整。

蛋白需打發的程度？

大致上分成以下三種：

· **濕性發泡**：搖晃攪拌盆，蛋白會流動，把攪拌器拿起時蛋白會快速流下。

· **中性發泡**：蛋白較為堅實，攪拌器拿起時，蛋白會呈現小彎勾。

· **乾性發泡**：結構更加硬挺，攪拌器拿起時，蛋白會呈現力挺的尖角，避免打發過度，蛋白會一塊一塊，不利於麵糊的混合。

戚風蛋糕為什麼底部會凹陷？

一般是底部溫度太高，以及烘烤前過度震出氣泡所致。

蛋糕為什麼會縮腰塌陷？

因為烘烤時間不足。雖然每篇食譜都有標註烘烤的時間和溫度，但每個烤箱還是會有滿大的差異，剛開始需多次琢磨，了解自家烤箱的特性。

為什麼烤出來的蛋糕吃起來很乾？

· 油脂過度減量，油和糖算是一種潤滑劑，如果比例太少就會有影響。

· 過度烘烤，如前面所說，每個烤箱還是會有滿大的差異，剛開始需多次琢磨，了解自家烤箱的特性。

如何知道烤熟了沒？

蛋糕類可用牙籤搓一下中心後取出，看是否有麵糊沾黏，如有沾黏則須延長烘烤時間，沒有沾黏就是有烤熟了。

糕點的烤色有些深、有些淺？

一般烤箱都會有這個問題，烤箱裡的溫度無法完全均勻，通常中間的顏色會較深，四周會烤得較淺，所以都會在烘烤時間剩 1/3 的時候，將烤盤掉頭轉向讓烤色較為均勻。

司康和比司吉吃起來有點乾？

是的，如果司康和比司吉是冷卻後吃，會有點乾是正常的。兩者本來就是屬於有點乾乾的點心，傳統上都會另外搭配果醬或奶油等配料一起享用。最完美的狀態是剛剛出爐稍涼後享用，外酥內軟，香氣四溢。

司康成品長不高，沒有裂痕？

　　首先先看溫度和濕度，在製作時奶油融化，麵糰的溫度會影響到液體的吸收，如果整個麵糰濕濕黏黏就會影響到膨脹與裂痕。再來是配料太多、太重，或是泡打粉不夠和失效。我覺得有沒有長高與裂痕倒是其次，只是傳統司康上的表徵，口味自己喜歡才是最重要的！

派皮為什麼不夠脆？

　　在製作麵糰的過程中，切記不能讓奶油融化，非常重要！派皮也一定要烤到熟透，變成深咖啡色才可以。

餅乾烤好後，中心可能會軟軟的？

　　出爐後需在熱熱的烤盤上放涼，餘溫能使餅乾更加酥脆。

餅乾麵糰很黏怎麼辦？

夏天製作的麵糰會比較濕黏不好塑形，可用保鮮膜將麵糰包起來放冰箱冷藏 20 分鐘左右就能改善。如果用餅乾壓模沾黏不好脫模，除了擀平放冰箱冷藏固定，也能在模具上沾薄薄的麵粉避免沾黏。

造型餅乾為什麼捏得歪七扭八？

玩切片的造型餅乾，空間感滿重要的，先在腦海裡勾勒出比例再製作。麵糰因為較軟，所以在進行組合的時候，都要先進冷凍讓麵糰稍微固定變硬，也不能太硬，不然無法調整比例捏塑，麵糰之間就會有空隙無法服貼。

瑪德蓮為什麼沒有凸肚臍？

和配方比例、麵糊的狀態、烤溫、烤模都息息相關，食譜中的配方試過用不同烤模烤出來，肚臍狀態也會有差異。

蒸布丁有很多小孔洞？

因為溫度太高，或是攪拌時造成的氣泡，蒸之前要確實過濾，表面的小氣泡可用牙籤搓破或撈出。

甜甜圈為什麼有大氣泡？

炸麵糰的時候要一面炸個幾秒鐘，讓表皮熟了之後就要迅速翻面，把表皮都先炸固定，熱氣才會在裡面均勻受熱膨脹，不會有大氣泡從表皮出現。

為什麼泡芙沒有膨脹？

原因有 1.燙麵加熱不足，攪拌不夠 2.蛋液加入時被燙熟了 3.蛋液和麵糊沒有確實吸收混合 4.泡芙尚未定型就打開烤箱。為了讓泡芙烘烤均勻，會在烘烤時將烤盤轉向，如尚未定型就打開讓溫度下降，泡芙就會消風。

泡芙底部為什麼會凹陷？

攪拌混合的方式和溫度會造成底部凹陷。

代糖的味道？

不同代糖有點特殊的味道，和一般糖不一樣。赤藻醣醇就有涼涼的感覺，如真的不喜歡可用一般細砂糖代替。

要用哪種杏仁粉呢？

切記一定要使用烘焙用杏仁粉，不是泡來喝的那一種唷～味道完全不一樣。烘焙用杏仁粉也有分馬卡龍專用細粉，和帶皮杏仁粉皆可使用。

從初級到進階！
每天都想吃的幸福甜點！

由淺入深，夢幻造型甜點、可愛餅乾、美味不發胖的減醣烘焙、
專業技術烘焙，不同變化應有盡有！

★
零基礎
也學得會

原味雞蛋司康
P.40

鮮奶油司康
P.42

蜂蜜紅茶比司吉
P.52

比司吉
P.48

蔓越莓比司吉
P.50

黑糖巴斯克
乳酪蛋糕
P.58

蒜香乳酪比司吉
P.54

卡士達醬
P.110

百香果鮮奶酪
P.116

雪 Q 餅
P.118

銅鑼燒
P.120

布朗尼
P.122

壓模餅乾
P.150

擠花餅乾
P.148

法國麵包造型
餅乾
P.158

茉莉綠茶餅乾
P.152

造型餅乾麵糰
P.156

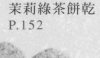

巧克力堅果
杯子蛋糕
P.188

菠蘿麵包造型
餅乾
P.160

伯爵榛果餅
P.192

★★
簡單不敗

果醬司康捲
P.44

可可香蕉司康
P.46

荷蘭鬆餅
P.126

基礎甜派皮
P.100

瑪德蓮
P.128

雞蛋蒸布丁
P.134

費南雪
P.132

無油低糖
戚風蛋糕
P.196

燕麥雪球
P.200

椰子芝麻脆餅
P.198

海綿蛋糕
P.60

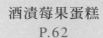
酒漬莓果蛋糕
P.62

檸檬蛋糕
P.64

基礎戚風蛋糕
P.68

基礎鹹派皮
P.88

巧克力
棉花蛋糕
P.74

優格戚風蛋糕
P.72

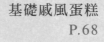

義大利脆餅
P.154

栗子造型餅乾
P.162

酪梨蛋糕
P.194

榛果瑪德蓮
P.190

西瓜造型餅乾
P.164

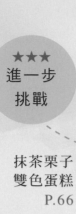

★★★★
忍不住
分享

時蔬洋芋千層派
P.94

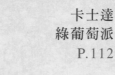

大理石蛋糕
P.82

卡士達
綠葡萄派
P.112

草莓蛋糕造型
餅乾
P.178

禮物造型餅乾
P.174

★★★★★
職人級
美味

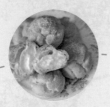

泡芙
P.142

杯子蛋糕造型
餅乾
P.180

青蛙造型餅乾
P.184

美味關鍵

司康‧比司吉

司康是英式鬆餅、比司吉是美式快速麵包。其實兩者的食材差不多，但常被人混淆。

- 司康基本是使用**低筋麵粉**，口感鬆鬆略乾，是略乾，不是超乾喔～有位英國朋友告訴我，在英國，超乾的司康和不乾的司康都是失敗的。傳統的吃法是搭配果醬、凝脂奶油等享用。最喜歡剛出爐，微涼之後外酥內軟，非常的香，單吃就覺得很美味！

- 比司吉使用高筋麵粉製作，口感較有彈性，在製作過程就能感受麵糰的狀態明顯不同，適合做大顆一些，搭配鹹食享用。

戚風蛋糕 · 海綿蛋糕 · 奶油蛋糕

· 戚風蛋糕成功的要訣在於蛋白的打發。蛋白打發的
  程度會影響蛋糕的狀態和口感，須確實打發，在和
  麵粉的混合過程中，不可轉圈攪拌，要用輕柔翻切
  的方式，避免蛋白消泡，如果蛋白消泡，組織會變
  成像粿一樣扎實。

· 海綿蛋糕使用的是全蛋打發，通常是使用室溫雞蛋，
  可以先將整顆雞蛋泡溫熱水，讓雞蛋溫度稍微提高，
  或是在打發雞蛋時，邊隔著溫熱水邊打發，兩種方
  式都能使全蛋打發更加快速與成功。

· 奶油蛋糕的打發也很重要，細砂糖和雞蛋都需和奶油
  確實打發吸收，材料都是使用常溫，稍有不慎也會變
  成像粿一樣唷～比起其他類型，奶油蛋糕算是基本入
  門款，濃郁的奶油香氣讓嗅覺、味覺得到滿足！

塔派

派皮的種類有非常多種，雖然不像揉麵糰那麼辛苦，但卻要眼明手快，冰冰的奶油不可以融化，靈活使用體溫較低的指尖快速搓捏完成，食譜中用切刀先把奶油切細，更能避免溫度的提升。只要捏好了派皮，搭配不同內餡來變化，甚至簡單擠入鮮奶油和水果，就是一道美味的水果派！

鹹派其實就很像把一道偏西式的料理，放入派皮，整個就搖身一變大升級！不知道為什麼很少在外面看見鹹派販售，在歐美卻很常見！常常都是野餐時品嚐，冷熱皆宜，非常美味！

2

網路詢問度超高的
司康 & 比司吉

原味雞蛋司康

Scone

最喜歡剛出爐，微涼之後外酥內軟的司康。
純粹的奶油香、蛋香、麵粉香，單吃就覺得很美味！
來杯咖啡或茶就是簡單的英式套餐，
據說在英國還會搭配草莓啤酒一起享用呢～

▌食材

冰無鹽奶油 80g   細砂糖 80g

冰雞蛋 50g   泡打粉 8g

低筋麵粉 300g   冰鮮奶 55g

> **難易度 ★**
>
> ⊟ **直徑 6 公分壓模 1 個**
>
> ⏱ **17 分鐘**
> （書中所列時間皆為烘烤計時）

▌步驟 Step by Step

麵糰

① 先將麵粉和泡打粉過篩，加入細砂糖混合，以及切小塊的冰奶油。

② 用刮板混著麵粉切細，讓麵粉呈現細沙狀。

③ 加入打散的冰雞蛋和冰鮮奶，拌壓成糰。

④ 用保鮮膜包住麵糰，送進冰箱冷藏鬆弛 30 分鐘。

烘焙

⑤ 用擀麵棍將麵糰擀成 1.5 公分厚，使用杯子或模具壓成圓形。

⑥ 在壓好成型的司康塗上蛋液（分量外），幫助上色。

⑦ 送進烤箱以 200 度烘烤 17 分鐘出爐放涼。

鮮奶油司康

Whipping Cream Scone

液體的材料完全使用鮮奶油來製作，
奶香味更加濃郁，美味更加提升！
不同的液體，口感會略有不同。
也可用酸奶或優格，製作出自己的美味司康唷～

▌食材

冰無鹽奶油 80g

動物性鮮奶油 200g

低筋麵粉 300g

細砂糖 50g

泡打粉 8g

難易度 ★

直徑 6 公分壓模 1 個

17 分鐘

▌步驟 Step by Step

麵糰

① 先將麵粉和泡打粉過篩，加入細砂糖混合，以及切小塊的冰奶油。

② 用刮板混著麵粉切細，讓麵粉呈現細沙狀。

③ 加入鮮奶油，拌壓成糰。

④ 用保鮮膜包住麵糰，送進冰箱冷藏鬆弛 30 分鐘。

烘焙

⑤ 用擀麵棍將麵糰擀成 1.5 公分厚，使用杯子或模具壓成圓形，直徑 6 公分約 10 顆。

⑥ 在壓好成型的司康塗上蛋液（分量外），送進烤箱以 200 度烘烤 17 分鐘後出爐放涼。

果醬司康捲

Jam Scone

使用中筋麵粉來增加麵糰的筋性，
捲的時候比較不會裂開，也較好塑形。
不同於將司康切半再抹上果醬，而是直接將果醬捲在裡面，
讓純樸的司康變化出不同的外型！

▌食材

冰無鹽奶油 80g   細砂糖 60g

冰雞蛋 60g   泡打粉 8g

中筋麵粉 280g   冰鮮奶 80g

果醬適量

難易度 ★★

⏱ 17 分鐘

▌步驟 Step by Step

麵糰

① 先將麵粉和泡打粉過篩，加入細砂糖混合，以及切小塊的冰奶油。

② 用刮板混著麵粉切細，讓麵粉呈現細沙狀。

③ 加入混合的鮮奶和雞蛋，拌壓成糰。

④ 用保鮮膜包住麵糰，送進冰箱冷藏鬆弛 30 分鐘。

烘焙

⑤ 用擀麵棍將麵糰擀成 0.5 公分厚，並切割成長方型，把多餘的邊邊切掉。

⑥ 塗上喜愛的果醬。

⑦ 將塗上果醬的司康捲起來，用保鮮膜包住送進冰箱冷藏1小時。

⑧ 從冰箱取出後切成 8 份，在表面塗上蛋液（分量外）。

⑨ 將司康捲送進烤箱，以 200 度烘烤 17 分鐘後出爐放涼。

可可香蕉司康

Banana Chocolate Scone

喜歡香蕉蛋糕的朋友一定不能錯過這款，
濃郁的香蕉提升甜度，添加可可粉讓風味更有層次！
如果家裡沒有適當的壓模工具，
也能直接用刀子切成正方形或三角形。

食材

冰無鹽奶油 70g	細砂糖 65g
香蕉 70g	泡打粉 8g
低筋麵粉 220g	冰鮮奶 40g
無糖可可粉 15g	

難易度 ★★

🕐 17 分鐘

步驟 Step by Step

麵糰

① 先將麵粉、可可粉和泡打粉過篩，加入細砂糖混合，以及切小塊的冰奶油。

② 用刮板混著麵粉切細，讓麵粉呈現細沙狀。

③ 將香蕉和鮮奶加入食物調理機攪打成泥。

④ 將香蕉泥倒入麵糰，並拌壓成糰。

⑤ 用保鮮膜包住麵糰，送進冰箱冷藏鬆弛 30 分鐘。

烘焙

⑥ 用擀麵棍將麵糰擀成 1.5 公分厚的圓型，切成 6 份。

⑦ 在司康表面塗上蛋液（分量外），送進烤箱以 200 度烘烤 17 分鐘後出爐放涼。

比司吉

Biscuits

記得第一次認識比司吉是速食店的廣告，
淋上蜂蜜看起來非常可口！
後來這品項卻再也沒有推出，市面上也很少在販售，
後來自己找食譜研究，作法簡單讓早餐又多了一樣新選擇！

▎食材

冰無鹽奶油 60g	鹽巴 3g
高筋麵粉 250g	冰鮮奶油 80g
細砂糖 40g	冰鮮奶 80g
泡打粉 8g	

> 難易度 ★
>
> 🍲 直徑 5 公分圓形壓模 1 個
>
> 🕐 15 分鐘

▎步驟 Step by Step

麵糰

① 先將麵粉和泡打粉過篩，加入細砂糖混合，以及切小塊的冰奶油。

② 用刮板混著麵粉切細，讓麵粉呈現細沙狀。

③ 倒入冰鮮奶和鮮奶油，拌壓成糰。

烘焙

④ 用擀麵棍將麵糰擀成 1.5 公分厚，使用直徑約 5 公分的壓模壓出圓形。

⑤ 在比司吉表面塗上蛋液（分量外），送入烤箱以 200 度烘烤 15 分鐘後出爐放涼。

蔓越莓比司吉

Cranberry Biscuits

蔓越莓是經典的入門款口味，事先泡了萊姆可提升風味，
也能使果乾保有濕潤度，酸酸甜甜讓人一口接一口！
果乾也能增加不同的口感，非常強力推薦唷！

▍食材

冰無鹽奶油 60g	鹽巴 3g
高筋麵粉 250g	冰鮮奶油 80g
蔓越莓 50g	冰鮮奶 70g
細砂糖 40g	萊姆酒 20g
泡打粉 8g	

難易度 ★

🍲 直徑 5 公分圓形壓模 1 個

🕐 15 分鐘

▍步驟 Step by Step

麵糰

① 將蔓越莓切細，加萊姆酒浸泡 30 分鐘備用。

② 先將麵粉和泡打粉過篩，加入細砂糖和鹽巴混合，以及切小塊的冰奶油。

③ 用刮板混著麵粉切細，讓麵粉呈現細沙狀。

④ 倒入冰鮮奶、鮮奶油、蔓越莓，拌壓成糰。

烘焙

⑤ 用擀麵棍將麵糰擀成 1.5 公分厚，使用直徑約 5 公分的壓模壓出圓形。

⑥ 在蔓越莓比司吉表面塗上蛋液（分量外），送入烤箱以 200 度烘烤 15 分鐘後出爐放涼。

蜂蜜紅茶比司吉

Honey Black Tea Biscuits

茶類一直是點心中的前幾名口味，
製作麵糰過程就充滿濃郁的茶香，
添加蜂蜜可讓味道更加豐富。

▎食材

冰無鹽奶油 60g　　冰鮮奶 80g

錫蘭紅茶粉 10g　　蜂蜜 40g

高筋麵粉 230g

泡打粉 8g

鮮奶油 60g

難易度 ★

🍲 直徑 5 公分圓形壓模 1 個

🕐 15 分鐘

▎步驟 Step by Step

麵糰

① 先將麵粉和泡打粉過篩，加入紅茶粉和切小塊的冰奶油。

② 用刮板混著麵粉切細，讓麵粉呈現細沙狀。

③ 倒入混合的冰鮮奶、
　鮮奶油和蜂蜜，拌壓
　成糰。

烘焙

④ 用擀麵棍將麵糰擀成 1.5 公分厚，使用直徑約 5 公分的壓模壓出圓形。

⑤ 在蜂蜜紅茶比司吉表面塗上蛋液（分量外），送入烤箱以 200 度烘烤 15 分鐘後出爐放涼。

蒜香乳酪比司吉

Garlic Cheese Biscuits

適合當正餐的一款口味，
製作成較大尺寸，夾入喜愛的鹹食配料，
一顆就能獲得大大滿足！

▌食材

冰無鹽奶油 60g	泡打粉 8g
高筋麵粉 250g	細砂糖 25g
雞蛋 60g	鹽巴 4g
大蒜粉 4g	鮮奶油 20g
乳酪粉 30g	冰鮮奶 80g
義大利香料 2g	

難易度 ★

直徑 8 公分圓形壓模 1 個

20 分鐘

▌步驟 Step by Step

麵糰

① 先將麵粉和泡打粉過篩,加入細砂糖和鹽巴,所有粉類香料混合,最後加上切小塊的冰奶油。

② 用刮板混著麵粉切細,讓麵粉呈現細沙狀。

③ 倒入冰鮮奶、鮮奶油和雞蛋,拌壓成糰。

烘焙

④ 用擀麵棍將麵糰擀成 1 公分厚,使用直徑約 8 公分的壓模壓出圓形。

⑤ 在蒜香乳酪比司吉表面塗上蛋液(分量外),送入烤箱以 180 度烘烤 20 分鐘後出爐放涼。

Tips 美味提點

蒜香乳酪比司吉從側邊剖開,可搭配喜歡的鹹食一起享用。

3

好吃到停不下來的

人氣蛋糕

黑糖巴斯克乳酪蛋糕

Basque Burnt Cheesecake

焦香的表面，就是巴斯克乳酪蛋糕的招牌形象。
口感介於乳酪蛋糕和輕乳酪蛋糕之間，
質地有點像布丁。

食材

奶油乳酪 250g	動物性鮮奶油 120g
全蛋 1 顆	玉米粉 10g
蛋黃 2 顆	檸檬汁 10g
黑糖 80g	

難易度 ★

6 吋圓形蛋糕模 1 個

25 分鐘

步驟 Step by Step

麵糊

① 將奶油乳酪切小塊，隔水加熱攪拌滑順。

② 加入黑糖攪拌至無顆粒。

③ 分 3 次加入全蛋和蛋黃（事先混合）攪拌均勻，每次需確實攪拌吸收再加。

④ 加入鮮奶油、玉米粉和檸檬汁攪拌均勻。

⑤ 麵糊過篩，倒入鋪上烘焙紙的 6 吋模具中。

烘焙

⑥ 送進烤箱，以 220 度烘烤 25 分鐘出爐，放涼後送入冰箱冷藏。

Tips 美味提點

黑糖巴斯克乳酪蛋糕熱熱吃、冰冰吃、冷凍吃都有不同的風味，是近幾年忽然崛起的網紅甜點之一。

海綿蛋糕

Sponge Cake

記得小時候不時都會有麵包車，
載著一堆麵包和純樸的蛋糕穿梭在小巷裡，
那時沒有戚風蛋糕和華麗的裝飾，只有濃濃的蛋香味海綿蛋糕，
雖然不比現在許多蛋糕那樣濕潤軟綿，
但卻是乘載幼時記憶的古早美味。

▌食材

雞蛋 2 顆

低筋麵粉 60g

細砂糖 50g

沙拉油 30g

難易度 ★★

🥘 15 公分圓形烤模 1 個

🕐 25 分鐘

▌步驟 Step by Step

麵糊

① 先將雞蛋放入溫水泡 10 分鐘，方便打發。

② 雞蛋打散放入調理盆中，加入細砂糖打發至濃稠，痕跡明顯不會化開。

③ 麵粉過篩後加入蛋糊中，大動作拌勻。

④ 最後加入沙拉油混合。

烘焙

⑤ 將麵糊倒入模具，往桌子一放把空氣震出來，送入烤箱以上火 170 度、下火 140 度烘烤 25 分鐘。

⑥ 出爐後往桌子一放把熱氣震出，放涼脫模即可。

Tips 美味提點

• 通常會選擇常溫雞蛋來打發，可以先將雞蛋泡溫熱水幾分鐘，更能打發成功！

• 使用全蛋打發的海綿蛋糕，口感與戚風蛋糕截然不同。海綿口感會較為扎實，適合製作成有夾心裝飾的生日蛋糕類，比較撐的起來，不會像戚風蛋糕太軟，如果水果餡料太重，戚風就容易塌陷。

酒漬莓果蛋糕

Spiced Rum Fruitcake

事先將果乾酒漬一晚，能增添果乾的香氣與濕潤度，
烘烤過後酒精會揮發，只留下淡淡的酒香。

▌食材

無鹽奶油 100g　　泡打粉 3g

低筋麵粉 100g　　萊姆酒 20g

雞蛋 100g

莓果乾 50g

細砂糖 80g

難易度 ★★

🍰 18x9x6 公分長條烤模 1 個

🕐 35 分鐘

▌步驟 Step by Step

麵糊 ① 前一晚先將果乾加入萊姆酒醃漬一晚備用。

② 奶油放室溫軟化後放入調理盆，分3次加入細砂糖，打至泛白蓬鬆。

③ 分3次加入雞蛋攪拌吸收。

④ 加入過篩後的低筋麵粉和泡打粉拌勻。

烘焙

⑤ 最後加入果乾混合，將麵糊倒入模具，送入烤箱以180度烘烤35分鐘出爐。

Tips 美味提點

許多甜點都會增添不同的水果酒，能讓甜點更有層次風味。

檸檬蛋糕

Lemon Glazed Cake

這絕對是奶油蛋糕的入門款，一定要加入檸檬皮！
有些檸檬蛋糕甚至不會加檸檬汁，只會加檸檬皮。
因為檸檬汁的酸度多少會影響蛋糕的呈現，
而檸檬皮吃起來不會酸，但卻有濃濃的檸檬香氣唷～

食材

無鹽奶油 120g	檸檬汁 15g
雞蛋 120g	檸檬皮 1 顆分量
低筋麵粉 120g	
泡打粉 3g	
細砂糖 85g	

> **難易度 ★★**
>
> 🍲 18x9x6 公分長條烤模 1 個
>
> 🕐 35 分鐘

步驟 Step by Step

麵糊

① 奶油放室溫軟化後放入調理盆，分 3 次加入細砂糖，打至泛白蓬鬆。

② 分 3 次加入雞蛋攪拌吸收。

③ 加入過篩後的低筋麵粉和泡打粉拌勻。

烘焙

④ 最後加入檸檬皮和檸檬汁拌勻，將麵糊倒入模具。

⑤ 烤箱溫度設定 180 度烘烤 35 分鐘出爐，放涼後可依個人喜好淋上檸檬糖霜。

Tips 美味提點

有些人喜歡淋上酸酸甜甜的檸檬糖霜，就是檸檬汁加上糖粉混合即可。檸檬汁加多就會比較稀，可依照個人喜好調整添加量。

抹茶栗子雙色蛋糕

Matcha Chestnut Pound Cake

使用兩種麵糊製作，有別於大理石蛋糕的方式，
直接將兩種麵糊分次倒入來呈現，
一塊蛋糕就能有兩種享受！

▌食材

原味麵糊	抹茶麵糊
無鹽奶油 50g	無鹽奶油 50g
雞蛋 60g	雞蛋 60g
低筋麵粉 50g	低筋麵粉 40g
細砂糖 40g	抹茶粉 10g
泡打粉 1.5g	細砂糖 40g
栗子適量	泡打粉 1.5g

難易度 ★★★

🍲 18x9x6 公分長條烤模 1 個

🕐 35 分鐘

▌步驟 Step by Step

麵糊

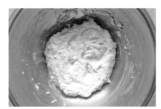

① 奶油放室溫軟化放入調理盆，分 3 次加入細砂糖，打至泛白蓬鬆。

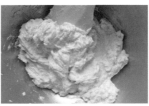

② 分 3 次加入雞蛋攪拌吸收。

③ 加入過篩後的低筋麵粉和泡打粉拌勻。

④ 將麵糊倒入放有烘焙紙的模具，並放上栗子。

⑤ 依同樣方式製作抹茶麵糊，倒在原味麵糊上。

烘焙

⑥ 將模具送入烤箱以 180 度烘烤 35 分鐘出爐。

基礎戚風蛋糕

Chiffon Cake

想要做別種口味的戚風蛋糕之前，
一定要先把基礎戚風練好！
了解蛋白打發的程度、熟練攪拌的技巧、
抓好烤箱的溫度。
熟能生巧！多練習就對了！

難易度 ★★

🍮 18x9x6 公分長條烤模 1 個

🕐 35 分鐘

▌食材

冰雞蛋 3 顆　　　鮮奶 30g

低筋麵粉 50g　　沙拉油 40g

細砂糖 60g

麵糊

① 先將雞蛋分成蛋白和蛋黃。

② 取一調理盆,加入蛋黃、鮮奶和沙拉油攪拌均勻。

③ 麵粉過篩後,倒入蛋黃糊中拌勻備用。

蛋白混和麵糊

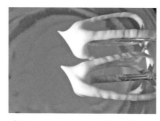

④ 接著將蛋白打發至有泡沫。

⑤ 分 3 次加入細砂糖,打發至蛋白細緻直立。

⑥ 取三分之一蛋白,加入麵糊混合。

⑦ 接著倒入剩餘的蛋白,輕輕拌勻。

⑧ 把麵糊倒入模具，並往桌上一放把空氣震出來。送進烤箱，以上火 170 度、下火140 度烘烤 30 分鐘。

⑨ 出爐後先往桌上震一下散發熱氣，倒扣放涼後再脫模。

Tips 美味提點

· 如果蛋白沒有確實打發，和麵糊混合時讓蛋白消泡了，組織就會變得跟粿一樣扎實，或是有大大空氣混在其中。

· 烤箱溫度如底溫過高，蛋糕底部會凹陷，這些都是初學者有可能遇到的問題。

優格戚風蛋糕

Yogurt Chiffon Cake

使用無糖優格代替鮮奶，口感非常的綿密濕潤。
有如雲朵般的輕盈，奶香味也比較濃。
只是稍稍變更戚風蛋糕的比例，
就有完全不同的口感，是安夏最喜歡的戚風蛋糕食譜。

食材

冰雞蛋 3 顆

無糖優格 60g

低筋麵粉 50g

細砂糖 50g

植物油 30g

難易度 ★★

🍰 6 吋中空模具 1 個

🕐 30 分鐘

步驟 Step by Step

麵糊

① 先將雞蛋分成蛋白和蛋黃。

② 取一調理盆,加入蛋黃、優格和植物油攪拌均勻。

③ 麵粉過篩後,加入蛋黃糊中拌勻備用。

蛋白混和麵糊

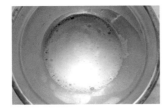

④ 接著將蛋白打發至有泡沫。

⑤ 分 3 次加入細砂糖,打發至蛋白細緻直立。

⑥ 取三分之一蛋白,加入麵糊混合。

⑦ 倒入剩餘的蛋白,輕輕拌勻。

烘焙

⑧ 把麵糊倒入模具,並往桌上一放把空氣震出來。

⑨ 送進烤箱,以上火 170 度、下火 140 度烘烤 30 分鐘。

⑩ 出爐後先往桌上震一下散發熱氣,倒扣放涼後再脫模。

巧克力棉花蛋糕

Chocolate Sponge Cake

一開始聽到棉花蛋糕這個名字很可愛，
好奇是用棉花糖做的蛋糕嗎？
深入研究後才知道是因為口感軟綿而命名，
使用燙麵法和水浴法，
雖然烘烤的時間比一般蛋糕稍久，
但絕對是值得等待！

難易度 ★★

🍮 6 吋模具 1 個

🕐 50 分鐘

┃食材

低筋麵粉 40g	細砂糖 40g
雞蛋 4 顆	植物油 50g
可可粉 10g	鮮奶 50g

燙
麵
糊

① 取一小鍋,加入植物油和鮮奶,小火攪拌加熱至有紋路。

② 取一調理盆,加入過篩的低筋麵粉和可可粉,與步驟1的鮮奶液拌勻。

③ 麵糊稍涼後加入 3 顆蛋黃和1顆全蛋混合。

蛋
白
混
和
麵
糊

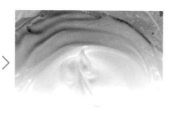

④ 取另一調理盆,放入 3 顆蛋白打發後,分 3 次加入細砂糖,接著打發至有微微小彎勾。

⑤ 取 ⅓ 打發蛋白,加入麵糊混合。

⑥ 接著倒入剩餘的打發蛋白,輕快切拌均勻,再倒入模具中。

烘焙 & 脫模

⑦ 如果使用分離式模具，底層墊一盤子避免水滲進去。

⑧ 設定烤箱 180 度，底盤加入 500c.c. 的熱水烘烤 10 分鐘，接著轉為 160 度繼續烤 40 分鐘後出爐放涼。

⑨ 放涼後，撒上可可粉裝飾即完成。

Tips 美味提點

棉花蛋糕是使用燙麵法和水浴法來製作烘烤。

燙麵法就是將液體或油類加熱後加入麵粉，讓筋性軟化等原理讓口感更加柔軟。

水浴法能讓蛋糕保持濕度，質地更加濕潤，切記不要讓水滲透到模具裡唷～

草莓鮮奶油巧克力蛋糕

Strawberry, Cream, Chocolate Cake

一人獨享的 4 吋小戚風，簡單淋上鮮奶油，
放上喜愛的水果，不用奶油抹面和擠花的技術，
利用水果和香草葉子來做不同裝飾，
就能簡單端出來的小巧獨享糕！

難易度 ★★★

🍮 4 吋中空烤模 3 個

🕐 30 分鐘

▌食材

冰雞蛋 3 顆	鮮奶 40g	裝飾
低筋麵粉 55g	植物油 40g	鮮奶油 150g
可可粉 10g		細砂糖 10g
細砂糖 60g		草莓適量

麵糊

① 將鮮奶稍微加熱，加
　入可可粉拌勻備用。

② 將蛋白與蛋黃分開。

③ 蛋黃打散後，加入植
　物油攪拌均勻。

④ 再加入放涼的可可鮮
　奶混合。

⑤ 麵粉過篩後，加入蛋
　糊裡拌勻備用。

蛋白混和麵糊

⑥ 取另一調理盆，將蛋
　白打發至有泡沫。

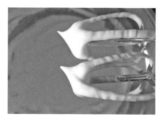

⑦ 分 3 次加入細砂糖打
　發至蛋白細緻直立。

⑧ 取三分之一蛋白加入
　麵糊混合。

⑨ 倒入剩餘的蛋白，輕
　輕拌勻。

烘焙 & 脫模

⑩ 將麵糊倒入模具,並往桌上一放,把空氣震出來。送進烤箱,以上火160度、下火140度烘烤30分鐘。

⑪ 出爐後先往桌上震一下散發熱氣,倒扣放涼後再脫模。

裝飾

⑫ 取一調理盆,加入鮮奶油和細砂糖打發。

⑬ 將打發好的鮮奶油裝入擠花袋中,擠在蛋糕上稍微抹平。

⑭ 左右搖晃一下,讓鮮奶油自然流下。

⑮ 最後放上草莓裝飾即可。

Tips 美味提點

柔軟的戚風蛋糕只能放上少少的水果,如果水果太多蛋糕體會承受不住。

大理石蛋糕

Marble Cake

沒有固定花紋標準的大理石蛋糕，
所有蛋糕都可以用此手法來呈現，
迷人的地方就是，
每一顆、每一片都是獨特的美麗花紋。

難易度 ★★★★

6 吋中空模具 1 個

30 分鐘

▊食材

冰雞蛋 3 顆　　　可可液

低筋麵粉 50g　　可可粉 10g

細砂糖 60g　　　熱水 2 大匙

鮮奶 30g

沙拉油 40g

麵糊

① 可可粉加熱水攪拌融化備用。

② 取一調理盆,加入蛋黃、鮮奶和沙拉油攪拌均勻。

③ 麵粉過篩後,加入蛋黃糊中拌勻備用。

蛋白混和麵糊

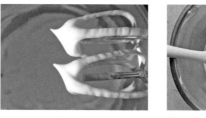

④ 蛋白打發後,分 3 次加入細砂糖打發至細緻直立。

⑤ 取三分之一打發的蛋白,加入麵糊混合。

⑥ 倒入剩餘的蛋白,輕輕拌勻。

⑦ 蛋白加麵糊混合完後,取一半出來加入可可液攪拌。

⑧ 將可可麵糊倒回原味麵糊裡,大動作翻攪約 3 次。

烘焙 & 脫模

⑨ 將麵糊倒入模具,並往桌上一放把空氣震出來。
　送入烤箱以上火 170 度、下火 140 度烘烤 30 分鐘。

⑩ 出爐後往桌上震一下散發熱氣,倒扣放涼後再脫
　模。

Tips 美味提點

利用原味蛋糕麵糊和巧克力麵糊,翻拌烤出大理石的花紋。切記不可過度攪
拌,否則花紋會不明顯唷～

4

是主食也是點心的

豐盛塔派

基礎鹹派皮

Pâte Brisée

▌食材

中筋麵粉 220g

冰無鹽奶油 100g

冰雞蛋 50g

鹽巴 1 小撮

鮮奶 1 大匙

難易度 ★★

🥘 18 公分圓形派模 2 個

🕐 30 分鐘

步驟 Step by Step

麵糰

① 先將麵粉過篩,並加入鹽巴混合。

② 奶油切小塊加入麵粉中,使用切刀將奶油切碎細。

③ 用手指將較大塊的奶油混合麵粉壓扁。

④ 雞蛋打散加入鮮奶混合,倒入麵粉中按壓成糰。

塑型

⑤ 將壓成糰的麵糰分成兩份,並用保鮮膜包住,放入冰箱冷藏鬆弛 30 分鐘。

⑥ 用擀麵棍擀平約 0.2 公分,並鋪入派模中。

⑦ 用叉子在麵皮上叉出小洞洞避免膨脹,放回冰箱冷藏繼續鬆弛 30 分鐘。

烘焙

⑧ 從冰箱取出派皮,並鋪上烘焙紙,放入派石或豆子,送進烤箱以上火 180 度、下火 180 度,一同烘烤 20 分鐘定型。

⑨ 將派石取出,在派皮抹上一層蛋液(分量外),同樣的溫度繼續烘烤 10 分鐘出爐放涼。

蘋果豬肉派

Apple Pork Pie

蘋果醋的添加，是這道料理的精髓。
濃烈的調味熬出誘人的香氣，類似糖醋的酸甜鹹，
充滿了異國風情的南洋滋味。
滿滿的肉舖滿派皮，是肉食主義的必吃鹹點！

難易度 ★★★

🍳 基礎鹹派皮 1 個

🕐 20 分鐘

▌食材

蘋果 1 顆去皮切塊

細豬絞肉 300g

洋蔥半顆切細

義大利紅醬（義大利麵用的
番茄醬）100g

焗烤起司 300g

鹽巴適量

細砂糖 1 大匙

蘋果醋 30g

水 100g

鮮奶 60g

乾燥迷迭香適量

新鮮迷迭香適量

小番茄適量

▌步驟 Step by Step

炒料

① 洋蔥切碎炒至焦香，加入豬絞肉炒熟。接著將蘋
果切小塊放入鍋中，倒入蘋果醋、義大利紅醬、
鹽、糖、乾燥迷迭香、水和鮮奶燉煮至剩少量湯
汁。

② 加入 200g 焗烤起司，拌炒至黏稠。

烘焙

③ 將炒好的餡料放入派
皮裡，撒上剩下的 100g
焗烤起司，送進烤箱
以 200 度烘烤 20 分
鐘。

④ 出爐後放上切半的小
番茄和迷迭香即可。

野菇雞肉派

Mushroom Chicken Pie

純樸滋味的鮮香雞肉，酥脆的外皮加上豐富的配料，
菇菇的獨特香氣和香濃蛋奶液融合出美妙滋味。

▍食材

去骨雞腿肉 300g 切塊	蛋奶液
鴻禧菇 1 包	雞蛋 120g
洋蔥半顆切小塊	鮮奶 150g
甜椒 1 顆切細	鹽巴少許
大蒜 3 瓣切碎	黑胡椒適量
焗烤起司 200g	
新鮮羅勒葉適量	
鹽巴適量	
黑胡椒適量	

難易度 ★★★

🍲 基礎鹹派皮 1 個

🕐 30 分鐘

▍步驟 Step by Step

蛋奶液 & 炒料

① 先將蛋奶液的所有材料攪拌均勻備用。

② 熱鍋將洋蔥先炒至焦香，放入大蒜和切塊的雞腿肉煎熟。接著加入鴻禧菇和甜椒拌炒一下調味。

③ 炒好的配料放入派皮，並倒入蛋奶液，撒上焗烤起司。

烘焙

④ 將雞肉派送入烤箱，以 180 度烘烤 30 分鐘，出爐後放上新鮮羅勒葉裝飾。

時蔬洋芋千層派

Vegetable Potatoes Pie

馬鈴薯控的必備鹹點，利用馬鈴薯切成薄片，
抹上醬料交錯，製造出一層層的堆疊效果。
和各種食材都很百搭，是款經典的家常鹹派。

難易度 ★★★★

🍲 基礎鹹派皮 1 個

🕐 30 分鐘

▌食材

中型馬鈴薯 2 顆去皮切片	自製培根番茄醬
紅甜椒半顆切條	大番茄 2 顆
洋菇適量切片	培根 5 片
洋蔥半顆切條	大蒜適量
培根兩片	義大利香料 5g
焗烤起司 200g	黑胡椒適量
黑胡椒少許	水 ½ 杯
鹽巴適量	
奶油適量	

培根番茄醬

① 將大蒜和培根炒香，加入切塊番茄、水和其餘番茄醬材料，番茄燉煮變軟後起鍋。

② 炒好的番茄稍涼後，放入調理機打成泥狀備用。

炒料

③ 馬鈴薯刨成薄片煎熟（可用奶油煎增加香氣），加入黑胡椒和鹽巴調味，起鍋備用。

④ 奶油入鍋，放入培根煎香，加入甜椒、洋菇、洋蔥炒熟後，加鹽調味起鍋備用。

鋪料

⑤ 先將馬鈴薯鋪入派皮，一層馬鈴薯，一層自製培根番茄醬。

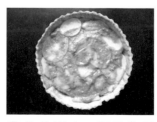

⑥ 依此順序，層層堆疊至 8 分滿。

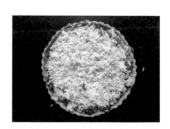

⑦ 放入炒好的時蔬，撒上焗烤起司。

烘
焙

⑧ 將千層派送入烤箱，以 200 度烘烤 30 分鐘，出爐後
　擺上一些香草植物裝飾即可。

Tips 美味提點

· 馬鈴薯可以改成地瓜或南瓜變成不同口味，喜歡薯泥也能先把馬鈴薯蒸熟，
　壓成泥狀調味後鋪進派裡。

· 馬鈴薯也有分脆脆口感和鬆綿口感的不同品種，購買時可詢問老闆，依照自
　己喜好選擇。

馬告鮭魚派

Makauy Salmon Pie

我非常喜歡馬告的味道，雖然又名山胡椒，但卻沒有胡椒的辛辣。
最常見到的馬告料理，就是餐廳的馬告燉湯和馬告香腸，
淡淡的檸檬香和類似香茅的味道，和海鮮也非常搭！

▍食材

鮭魚 1 片	蛋奶液
蘆筍 1 把切段	雞蛋 120g
玉米筍切半	鮮奶 180g
檸檬 1 顆	鹽巴適量
奶油適量	新鮮馬告 20g
鹽巴適量	

> **難易度 ★ ★ ★**
> 🍲 **基礎鹹派皮 1 個**
> 🕐 **30 分鐘**

▍步驟 Step by Step

炒料

① 將馬告使用小調理機或果汁機打碎,加入蛋奶液其餘材料攪拌均勻備用。

② 熱鍋加入奶油,鮭魚入鍋煎熟撒點鹽調味,鮭魚煎熟後挑刺撥成小塊備用。

③ 熱鍋放油,將蘆筍和和玉米筍炒至 8 分熟,撒點鹽調味起鍋。

④ 將鮭魚鋪入派皮,接著放入蘆筍、玉米筍。

烘焙

⑤ 倒入蛋奶液,將派皮送入烤箱以 200 度烘烤 30 分鐘。

⑥ 出爐後,在派皮上放檸檬片裝飾即可。

Tips 美味提點

加入蛋奶液的鹹派,建議把派皮放入模具中烘烤,避免蛋奶液從派皮的裂縫中流出。

基礎甜派皮

Pâte Sucrée

▊食材

中筋麵粉 220g

冰無鹽奶油 120g

細砂糖 30g

冰雞蛋 1 顆（約 60g）

冰鮮奶 30g

難易度 ★★

🍮 15 公分圓形派模 3 個

🕐 35 分鐘

步驟 Step by Step

麵糰

① 先將麵粉過篩，加入
細砂糖混合。奶油切
小塊加入麵粉中，使
用切刀將奶油切碎細，
麵粉成潮濕砂礫狀。

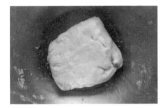

② 取一調理盆，加入雞
蛋、鮮奶打散，倒入
麵粉中按壓成糰。

塑型

③ 麵糰用保鮮膜包住，
放入冰箱冷藏鬆弛 30
分鐘。

④ 從冰箱取出麵糰並分成 3 份，用擀麵棍擀平約 0.2
公分鋪入派模中，用叉子叉出小洞洞避免膨脹。
接著放回冰箱冷藏繼續鬆弛 30 分鐘。

烘焙

⑤ 從冰箱取出派皮，並
鋪上烘焙紙，放入派
石或豆子，送進烤箱
以上火 180 度、下火
180 度，一同烘烤 15
分鐘定型。

⑥ 將派石取出，在派皮
抹上一層蛋液（分量
外），同樣的溫度繼
續烘烤 20 分鐘出爐放
涼。

⑦ 烘烤完的派皮可放冰
箱冷凍保存一個月，
需要時再放入內餡烘
烤即可。

生巧克力派

Chocolate Pie

生巧克力是安夏的超級最愛，直接填入派皮吃一大塊好滿足！
因為材料非常簡單，巧克力的品質就非常重要，
一定要選低糖度的，不然會變得超級甜～

食材

烤好的基礎甜派皮 1 個

50% 苦甜巧克力 150g

防潮可可粉

鮮奶油 150g

橙酒 20g

難易度 ★★★

🍲 6 吋基礎甜派皮 1 個

步驟 Step by Step

① 將苦甜巧克力切碎，隔水加熱至融化。

② 加入鮮奶油和橙酒，持續隔水加熱攪拌均勻。

③ 將巧克力倒入派皮裡，放涼後冷藏凝固。

④ 食用前撒上防潮可可粉和堅果裝飾即可。

奶油蘋果派

Apple Pie

白雪公主的蘋果派是美國最具代表的甜點，
加上肉桂香氣十足，最喜歡熱熱吃，
搭配一球香草冰淇淋，酸酸甜甜回味無窮呀～

食材

基礎派皮1個	蜜糖蘋果
新鮮蘋果1顆	蘋果 200g
融化奶油適量	細砂糖 25g
蜂蜜適量	奶油 10g
防潮糖粉適量	肉桂粉適量
	檸檬汁 1 小匙

難易度 ★★★

🍲 **6 吋基礎甜派皮 1 個**

🕐 **45 分鐘**

步驟 Step by Step

① 先製作蜜糖蘋果，將蜜糖蘋果材料混合，小火燉煮至 20 分鐘後取出蘋果塊。

② 將蜜糖蘋果鋪入派皮中。

③ 將另一顆蘋果切片鋪在上層，刷上融化的奶油。

④ 送入烤箱以 180 度烘烤 45 分鐘，取出後趁熱抹上一層蜂蜜，撒上防潮糖粉裝飾即可。

布蕾派

Bray Pie

像蛋塔又像烤布蕾，濃郁綿密的內餡，是超受歡迎的甜派。

如果家裡有噴槍，可以在上層撒點砂糖炙燒一下，

焦糖脆脆的口感，絕對讓口感升級跳！

▌食材

基礎甜派皮 1 個	鮮奶油 80g
雞蛋液 100g	細砂糖 20g
香草莢 1 根	萊姆酒 1 大匙
鮮奶 100g	

> **難易度 ★★★**
> 🍲 6 吋基礎甜派皮 1 個
> 🕐 50 分鐘

▌步驟 Step by Step

塑型

① 先將鮮奶、細砂糖、香草莢剖開,全部放入小鍋中小火加熱,攪拌至糖融化,關火靜置 10 分鐘,並取出香草莢。

② 將萊姆酒、鮮奶油、雞蛋液混合,倒入步驟 1 拌勻後過篩備用。

烘焙

③ 先將派皮送入烤箱,以 180 度烘烤 10 分鐘後取出。

④ 蛋奶液過篩倒入塔皮中。

⑤ 送入烤箱以 180 度繼續烘烤 40 分鐘出爐,冷卻後放至冰箱冷藏保存。

森林莓果派

Berry Pie

酸酸甜甜的莓果，要花時間燉煮至濃稠，
就像煮果醬一樣慢慢等待，
各種莓果的酸甜滋味交織，烤出療癒的幸福滋味！

▍食材

烤好的甜派皮1個

綜合冷凍莓果 300g

細砂糖 80g

檸檬皮1顆

檸檬汁1大匙

> **難易度 ★ ★ ★**
>
> 🍲 6 吋基礎甜派皮 1 個
>
> 🕐 20 分鐘

▍步驟 Step by Step

① 先將莓果、檸檬汁、檸檬皮、細砂糖放入鍋中一起拌勻。

② 開小火燉煮至濃稠。

③ 將煮至濃稠的莓果倒入派皮裡,送入烤箱以180度烘烤20分鐘。

Tips 美味提點

可以偷吃步添加少量果膠或玉米粉,減少熬煮的時間,增加濃稠感。

卡士達醬

Custard Sauce

▌食材

蛋黃 2 顆　　　鮮奶 170g

細砂糖 40g　　無鹽奶油 20g

玉米粉 17g

難易度 ★

▌步驟 Step by Step

① 取一調理盆，放入蛋黃、細砂糖攪拌均勻。

② 接著加入玉米粉和鮮奶混合。

③ 將調理盆放入大鍋中隔水加熱，不停攪拌至濃稠。

④ 熄火後加入奶油攪拌至融化。

卡士達綠葡萄派

Green Grape Custard Pie

脆口的綠葡萄，搭配美味的卡士達醬，
這就是夏天的滋味！
家裡有其他水果也可以放上去，
刷點果膠會更加明亮動人！

難易度 ★★★★

基礎甜派皮 1 個

食材

卡士達醬適量

無籽綠葡萄適量

烤熟的基礎甜派皮1個

防潮糖粉適量

填餡 & 裝飾

① 取一烤熟的甜派皮，加入放涼的卡士達醬。

② 葡萄可整顆放入，也可切半排列出造型，也可改成其他喜愛的水果，組合後放入冰箱冷藏保存。

③ 從冰箱取出後，可撒上糖粉裝飾。

5

有點餓又不太餓的

美味小點

百香果鮮奶酪

Passion Fruit Panna Cotta

簡單上手，又不需要烤箱的冰涼小點心。
可以使用全鮮奶製作或是添加鮮奶油，
口感完全不一樣喔！

▌食材

吉利丁片1片

百香果1顆

細砂糖 10g

鮮奶油 50g

鮮奶 100g

難易度 ★

🍮 100ml 玻璃杯 2 個

▌步驟 Step by Step

① 吉利丁片撕小塊泡入冰水變軟。

② 將所有食材 (百香果除外) 和泡軟的吉利丁放入小鍋,小火加熱,不停攪拌至糖融化。

③ 用濾網過篩後倒入杯中。

④ 放置冰箱冷藏凝固,淋上百香果肉即可享用。

Tips 美味提點

・加入鮮奶油的口感,會更加綿密滑順,有種奶香濃郁的濃稠感;全鮮奶製作則是口感清爽,比較輕盈的感覺。

・食譜中鮮奶和鮮奶油的比例是2:1,鮮奶油的比例越重,口感會更加濃郁,也可添加適量的可可粉或抹茶粉,變化出不同的口味。

・吉利丁泡軟務必使用冰涼的水,如使用溫水會融化唷。

・鮮奶酪可淋上果醬,其他水果或糖漿變換口味。

雪 Q 餅

Marshmallow Biscuits

近幾年開始爆紅的雪 Q 餅，又稱雪花餅。
起源於宜蘭，是台灣獨有的創意糕點。
棉花糖和餅乾的結合，只要比例抓對，材料買對，
就能簡單完成熱門的伴手禮點心。

▌食材

無鹽奶油 50g

棉花糖 120g

小圓餅 230g

堅果果乾 80g

奶粉 50g

難易度 ★

▌步驟 Step by Step

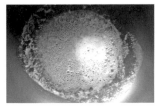

① 將無鹽奶油放入奶油
鍋裡加熱至融化。

② 加入棉花糖拌至溶解。

③ 加入其他配料拌勻,
倒在烘焙紙上整形壓
平。

④ 待涼固定,即可切塊。

Tips 美味提點

小圓餅可以使用小時候常吃的飛機餅乾,也能使用任何自己喜歡的餅乾,但要
注意選用的餅乾質地,如果容易掉屑屑,在混合切割時就會較不完整。

銅鑼燒

Dorayaki

小時候知道銅鑼燒這個點心是因為「小叮噹」，
當時銅鑼燒很少見，不像現在超商就能買得到，
也研發出非常多種不同的口味，
夾紅豆泥、奶油、冰淇淋的都有，美味極了！

▌食材

低筋麵粉 150g　　鮮奶 100g

泡打粉 6g　　　　鹽巴 1 小撮

蜂蜜 20g

無鹽奶油 20g　　內餡

雞蛋 2 顆　　　　紅豆泥 200g

<table>
<tr><td>難易度　★</td></tr>
</table>

▌步驟 Step by Step

① 先將奶油加溫融化後備用。

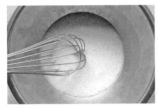

② 取一調理盆，放入雞蛋、蜂蜜、鮮奶、奶油攪拌均勻。

③ 加入過篩後的麵粉、泡打粉和鹽巴拌勻。

④ 在鍋子塗上薄薄的油，倒入少量麵糊。

⑤ 蓋鍋蓋，小火煎至周圍凝固後翻面。

⑥ 約可煎直徑 8 公分的餅皮 10 片。

⑦ 紅豆泥 40g 一份，夾入餅皮即可。

Tips 美味提點

· 銅鑼燒的外皮其實就跟美式的鬆餅一樣，餅皮不夾內餡，一層層堆疊，淋上蜂蜜糖漿或奶油就是美式熱鬆餅，只要平底鍋就能完成！

· 可依個人喜好抹上不同的內餡。

布朗尼

Fudgy Brownie

布朗尼是美國的家常小點心，做成大大的方形，
再切成一塊一塊，並加上大量的巧克力和堅果。
後來變化成多種口味，有脆皮及濕潤的不同口感，
也可做成杯子造型感覺比較討喜～

難易度 ★

🍮 直徑 5 公分杯子蛋糕模 6 個

🕐 15 分鐘

▌食材

苦甜巧克力 100g　　低筋麵粉 40g

無鹽奶油 80g　　可可粉 20g

細砂糖 100g　　Oreo 3 片

雞蛋 2 顆

麵糊

① 取一調理盆，放入巧
克力、奶油隔水加熱
至融化。

② 再取另一個調理盆，
加入雞蛋、糖打發至
濃稠。

③ 把巧克力倒入步驟 2
的調理盆內拌勻。

④ 接著加入過篩的麵粉
和可可粉。

烘焙

⑤ 將攪拌好的麵糊倒入
模具，並放上切半的
Oreo。

⑥ 送入烤箱以 180 度烘
烤 15 分鐘出爐。

Tips 美味提點

· 大家知道布朗尼有個姐妹叫「布朗迪」（Blondie），又稱白色／金色布朗尼，沒有添加可可粉和巧克力，口感也略有不同，是美國的家常甜心兩姐妹！

· 烘烤時間請依照家裡烤箱拿捏，如烘烤過頭口感就會變乾，應該要是濕潤的內裡才是完美的唷～

琳瑯滿目各式各樣的小點心，每次一出場總能擄獲眾人！有些甚至不需要烤箱和模具，簡單幾步驟就可以製作完成。建議剛入門烘焙的朋友不要一下失心瘋購入太多模具，例如瑪德蓮也沒有非要使用貝殼烤模，多多利用手邊現有的東西，才不會每做一道食譜，就要多買一樣東西。只要學會這些小點心，一次上桌保證驚豔所有人！

荷蘭鬆餅

Dutch Baby

荷蘭鬆餅又稱「鐵鍋鬆餅」，能夠立即製作就烘烤的點心，
不用像酵母麵糰需要等待發酵，或是像奶酪需要冷藏凝固，
趁熱享用最美味！

▌食材

雞蛋 1 顆

中筋麵粉 40g

無鹽奶油 10g

細砂糖 10g

鮮奶 40g

難易度 ★★

🍲 直徑 16 公分鑄鐵鍋

🕐 15 分鐘

▌步驟 Step by Step

麵糊

① 取一調理盆,將雞蛋和
細砂糖拌勻後加入鮮
奶。

② 加入過篩後的麵粉拌
至柔順。

③ 將鑄鐵鍋加熱,放入
奶油融化並抹均勻。

烘焙

④ 將麵糊倒入鑄鐵鍋。

⑤ 將鑄鐵鍋送進烤箱以
220 度烘烤 15 分鐘。

Tips 美味提點

將麵糊倒入鑄鐵鍋,或是任何能進烤箱的不鏽鋼鍋,高溫讓麵糊膨脹至2倍大,
出爐後會慢慢萎縮。大量的奶油讓邊緣外皮酥脆,中心帶點Q勁,滿滿的奶蛋
香,適合搭配酸甜果醬和冰淇淋!

瑪德蓮

Madeleine

討喜的貝殼形狀是瑪德蓮的招牌造型，
更是法式點心的經典入門款！
煮至褐色的焦化奶油，能讓味道更有層次。
焦化後有種榛果香氣，又稱「榛果奶油」。
追求「凸凸」的肚臍帶來的成就感！

難易度 ★★

扇貝烤模 8 顆

15 分鐘

▌食材

無鹽奶油 120g　　細砂糖 80g

低筋麵粉 90g　　泡打粉 3g

雞蛋 2 顆

麵糊

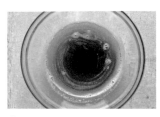  

① 先用小火將奶油煮至深褐色備用。

② 取一調理盆,將雞蛋打散並加入細砂糖攪拌均勻。

③ 加入過篩後的低筋麵粉和泡打粉拌勻。

④ 分 2 次倒入溫熱的奶油拌勻(奶油溫度約 60 度),完成後用保鮮膜蓋起來送進冰箱冷藏 30 分鐘。

烘焙

⑤ 從冰箱取出後將麵糊倒入烤模裡,送進烤箱以上火 200 度、下火 200 度烘烤 15 分鐘。

Tips 美味提點

「凸凸的肚臍」，被奉為瑪德蓮成功的指標。關於凸凸肚臍形成原理，簡單來說就是因為高溫環境，周圍的麵糊已經凝固，而中間還未凝固的麵糊，因熱氣竄出膨脹形成凸肚，跟溫度和烤模都有些許的關係。如果烤模很淺，中心麵糊很快凝固，熱氣就無法竄出。

曾經用同一個配方試用三個不同品牌的貝殼烤模烘烤，烤出的成品凸肚程度完全不同。其實現在許多業者也不追求要有肚臍，畢竟是否美味才是最重要的！

費南雪

Financier

Financier 在法文有金融家的意思，
長條狀的外表像金條一樣，又稱金磚蛋糕。
當然也不必特地購買金磚烤模，
現在很多也都會使用小杯子蛋糕模烘烤。

┃食材

無鹽奶油 80g	泡打粉 2g
低筋麵粉 50g	蜂蜜 10g
杏仁粉 50g	
蛋白 80g	
細砂糖 60g	

難易度 ★★

🍲 金磚蛋糕模 13 個

🕐 12 分鐘

┃步驟 Step by Step

麵糊

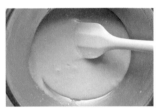

① 取一小鍋放入奶油加熱至融化,放稍涼備用。

② 取一調理盆,放入蛋白、細砂糖和蜂蜜攪拌均勻。

③ 加入過篩的麵粉、杏仁粉和泡打粉拌勻。

④ 倒入微溫的奶油拌勻。

烘焙

⑤ 接著倒入模具約 8 分滿。

⑥ 將模具送入烤箱,以 200 度烘烤 12 分鐘出爐。

Tips 美味提點

費南雪會使用大量的杏仁粉和蛋白來製作,組織濕潤,帶有濃濃的杏仁香。作法和瑪德蓮差不多,都是把材料通通混合即可,不需要雞蛋和奶油打發的入門款。

雞蛋蒸布丁

Flan

直接用「蒸」的方式來製作雞蛋布丁。
適合少量製作，時間也不像烘烤那麼長，
是一道在家容易上手的人氣甜點。

難易度 ★★

🥣 120ml 容器 4 個

🕐 水滾悶 10 分鐘

食材

鮮奶 200g	焦糖食材
鮮奶油 80g	細砂糖 2 大匙
雞蛋 2 顆	熱水 3 大匙
細砂糖 40g	

① 鮮奶加糖放入小鍋，
　小火加熱至糖融化。
　過程需不斷攪拌，不
　需煮滾。

② 加入鮮奶油拌勻，接
　著倒入打勻的雞蛋。

③ 使用濾網將雞蛋液過
　篩。

④ 將雞蛋液倒入杯子裡，
　放入鍋中，並倒水超過
　杯子的一半高度。

⑤ 蓋上鍋蓋，以中小火
　加熱至水滾，冒出水
　蒸氣。熄火繼續悶 10
　分鐘，至凝固後取出。

煮焦糖

⑥ 小鍋裡放入細砂糖和 1 大匙熱水，小火煮至變咖啡
　色，過程不要攪拌，只要晃動一下鍋身，最後再加
　入 2 大匙熱水即可。

⑦ 將煮好的焦糖倒入布丁裡，放涼後送入冰箱，冰
　冰涼涼最好吃！

Tips 美味提點

· 和鮮奶酪很像,鮮奶酪是利用吉利丁凝固,而雞蛋布丁是利用雞蛋凝固,所以雞蛋一定要夠新鮮,才不會有蛋腥味。

· 可以添加香草來增添風味,味道會大大提升唷!也能直接用全鮮奶加雞蛋製作,但安夏還是喜歡添加鮮奶油的香濃感,鮮奶油的比例越多口感越濃郁。不過也不要比例太重,會變得太濃太膩。

· 用悶的方式把布丁悶熟,口感才會細膩。如果火太大,溫度太高,組織會有小氣孔。

· 焦糖也可直接使用楓糖漿或黑糖漿。

甜甜圈

Donut

傳統中式油炸甜甜圈，一定要裹上滿滿的細砂糖，
是每個孩子心中最愛的麵包之一。
記得小時候追麵包車，也要買上這一味，
一口咬下滿滿的細砂糖，甜滋甜滋好滿足！

難易度 ★★★

🥄 直徑 6 公分和 3 公分圓形壓模

▌食材

高筋麵粉 250g	無鹽奶油 30g
雞蛋 2 顆	酵母粉 3g
鮮奶 80g	裝飾
細砂糖 40g	細砂糖半杯
鹽巴 1 小撮	肉桂粉適量

麵糰

① 先將裝飾的細砂糖和肉桂粉混合備用。

② 取一調理盆，放入麵粉、糖、鹽巴、鮮奶、雞蛋和酵母粉，混合揉成糰，並加入軟化的奶油揉捏至光滑不黏手。

③ 將麵糰用大鍋蓋住避免表面風乾，靜置發酵變兩倍大。

④ 發酵好的麵糰擀平排出空氣，使用一大一小的壓模，壓出中空圓形（也可以用杯子壓模）。

⑤ 將壓好成型的麵糰靜置 10 分鐘後，熱油鍋轉小火。

油炸

⑥ 將甜甜圈麵糰放入油鍋 5 秒鐘後立即翻面，先讓兩面定型。

裝飾

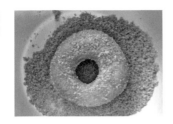

⑦ 兩面呈金黃色後立即取出,趁熱裹上糖粉。

Tips 美味提點

· 這裡甜甜圈的作法是不需要烤箱,使用油炸方式,加入了肉桂粉增添風味,一般都會做成中空小洞的造型,也可做成整顆圓形,或是填入醬料的封閉式造型。

· 麵糰入油鍋5秒就先翻面,表面先定型可預防大氣泡的產生,較能均勻受熱膨脹。

泡芙

Puffs

中空的餅皮是泡芙特殊造型，
在裡頭填滿鮮奶油、冰淇淋或是滿滿的水果，
餅皮外淋上巧克力醬，撒上杏仁角等，
一下就能把純樸的泡芙華麗大變身唷！

難易度 ★★★★★

🍮 擠花袋

🕐 **35 分鐘**

▍食材

無鹽奶油 40g	內餡
沙拉油 100g	卡士達醬 300g（請參考
水 150g	P.110 卡士達醬食譜）
高筋麵粉 150g	鮮奶油 300g
雞蛋 250g	細砂糖 20g

143

麵糰

① 將奶油、水、沙拉油
　倒入鍋中煮沸。

② 加入高筋麵粉攪拌均
　勻後關火。

③ 將雞蛋液分3次加入，
　不斷攪拌約10分鐘。

烘焙

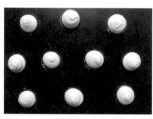

④ 將麵糰裝入擠花袋，
　並在烤盤上以適當間
　距擠出喜愛大小尺寸。

⑤ 送入烤箱以180度烘
　烤20分鐘後，轉向再
　烤15分鐘。

內餡

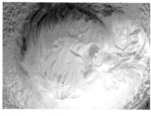

⑥ 取一調理盆，加入奶
　油和糖打發。

⑦ 接著加入卡士達醬攪
　拌混合。

⑧ 將內餡裝入擠花袋，
　泡芙放涼後擠入奶油
　餡就完成了。

Tips 美味提點

源自於法國的圓形中空糕點,演變出以下較常見的同款點心

‧ 長條狀的「閃電泡芙」:明明不像閃電,為什麼叫閃電泡芙呢?竟是因為太好吃,咻一下就吃完,像閃電一樣快!

‧ 由一大一小組合堆疊成的「修女泡芙」,因造型像修女而得此名。

‧ 像車輪或甜甜圈造型的「巴黎泡芙圈」,原名「巴黎布雷斯特泡芙」,是因為一場古老的自行車比賽,從巴黎到布雷斯特,為紀念比賽研發出來的。

6

小朋友最愛的

超萌造型餅乾

擠花餅乾

Piped Cookies

將部分麵粉換成玉米粉，口感鬆綿入口即化。
想要更有咬咬口感，就增加麵粉比例；
想要更加鬆綿，就增加玉米粉比例。
麵粉和玉米粉頂多量 1:1 的比例就好。

▌食材

無鹽奶油 150g

低筋麵粉 130g

玉米粉 80g

糖粉 55g

難易度 ★

🥄 擠花嘴 1 個

🕐 30 分鐘

▌步驟 Step by Step

麵糰

① 將奶油切小塊放室溫軟化後，攪拌成滑順，接著加入糖粉攪拌均勻。

② 加入過篩後的低筋麵粉和玉米粉拌勻。

③ 準備一個擠花嘴，將麵糰分 3 次裝入，一次放太多會不好擠。

烘焙

④ 在烤盤上順著邊擠邊畫圈，擠到中間停住。

⑤ 將烤盤送入烤箱，以上火 160 度、下火 150 度烘烤 30 分鐘，在烤盤裡放涼即可。

Tips 美味提點

‧ 不建議玉米粉比麵粉量多（玉米粉增加麵粉就要減少，不可讓粉類整個增加）。

‧ 如果沒有擠花嘴，也可以直接搓圓圓。

壓模餅乾

Animal Cookies

奶香濃郁的基礎壓模麵糰，口感酥鬆酥鬆。
先將麵糰擀平稍微冷凍過後，壓模圖案會更加立體，
而且也比較不會沾黏在模具上，
或是壓模可以沾一些高筋麵粉，也會比較好脫模。

▍食材

原味	巧克力口味
低筋麵粉 180g	低筋麵粉 180g
杏仁粉 10g	無糖可可粉 10g
無鹽奶油 90g	無鹽奶油 90g
糖粉 60g	糖粉 60g
雞蛋液 30g	雞蛋液 30g

難易度 ★

🍲 動物造型壓模

🕐 25 分鐘

▍步驟 Step by Step

麵糰

① 奶油放室溫軟化，放入調理盆攪拌至滑順後，加入糖粉混合。

② 加入雞蛋液拌勻，接著倒入過篩的粉類拌壓成糰。

③ 用擀麵棍將麵糰擀平約 0.3 公分厚，用保鮮膜包住放冰箱冷藏 30 分鐘。

烘焙

④ 麵糰從冰箱取出後，用模型壓出造型。

⑤ 將餅乾送進烤箱以上火 170 度、下火 150 度烘烤 25 分鐘出爐放涼。

Tips 美味提點

巧克力餅乾同原味餅乾作法。

茉莉綠茶餅乾

Jasmine Green Tea Cookies

大人的茶香餅乾一直都是家人的最愛，
淡淡的茶味甜而不膩，絕對會忍不住一口接一口。
不同的茶種味道帶來全新的口感，不妨都可以試試看唷～

┃食材

無鹽奶油 75g

低筋麵粉 125g

雞蛋液 10g

茉莉綠茶葉 10g（用調理機打碎）

糖粉 50g

<table>
<tr><td>難易度 ★</td></tr>
<tr><td>🕐 25 分鐘</td></tr>
</table>

┃步驟 Step by Step

麵糰

① 奶油放室溫軟化，放入調理盆攪拌至滑順後，加入糖粉混合。

② 加入雞蛋液拌勻，接著倒入過篩的麵粉和攪碎過的茶葉拌壓成糰。

③ 將麵糰搓成長條狀，用保鮮膜包住，利用厚塑膠板之類的輔助滾圓塑形，約直徑 3 公分。

烘焙

④ 將滾成長條狀的麵糰，直接放入冰箱冷藏固定至硬化。變硬後切片，約 0.5 公分厚。把餅乾放在烤盤一個個排好，送進烤箱以上火 160 度、下火 150 度烘烤 25 分鐘出爐放涼。

義大利脆餅

Biscotti

義大利傳統餅乾有別於平常吃到的酥鬆餅乾，口感是硬脆。
不需要奶油，使用植物油製作，通常會添加堅果、果乾等配料。
沒有奶油香，而是純粹的麵粉香，和各種不同配料所帶來的香氣。

▌食材

雞蛋 1 顆	義大利香料 2g
低筋麵粉 120g	細砂糖 50g
燕麥片 30g	鹽巴 1 小撮
泡打粉 1g	

> **難易度 ★★**
> ⏱ 30 ～ 40 分鐘

▌步驟 Step by Step

麵糰

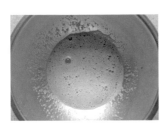

① 取一調理盆,放入雞蛋、糖和鹽攪拌均勻。

② 接著倒入過篩後的麵粉和泡打粉約略混合。

③ 加入燕麥片和香料按壓成糰,壓扁約 3 公分厚。

烘焙

④ 將壓好成型的麵糰直接送入烤箱,以 180 度烘烤 20 分鐘

⑤ 烤好的餅乾取出放稍涼後,切片約 0.5 公分。此時狀態是外皮酥脆,裡面如鬆餅口感。

⑥ 餅乾切好後再送入烤箱,以 160 度繼續烘烤 15 ～ 20 分鐘,至表面變硬後出爐即可。

Tips 美味提點

切片的時候,不宜切太厚,不然會非常硬!如果有專業機器輔助切片,要切越薄口感越好!

造型餅乾麵糰

Dough

造型餅乾的基礎麵糰，添加天
然的蔬果果乾粉，就能變化出
不同顏色。可以一次做多一
些，調出不同的顏色後，再分
裝入冰箱冷凍保存，使用時在
常溫退冰變軟。

▌食材

無鹽奶油 70g

糖粉 45g

蛋黃 1 顆

低筋麵粉 150g

難易度 ★

▌步驟 Step by Step

① 取一調理盆，放入軟
化後的無鹽奶油攪拌
至滑順，加入糖粉混
合。

② 接著加入蛋黃拌勻。

③ 加入過篩的低筋麵粉
後拌壓成糰。

法國麵包造型餅乾

Home-Made Cookies

就像捏黏土一樣的做造型，非常適合和小朋友一起動手做。
可以加入蒜香粉、義大利香料之類，做出不同的口味，
讓餅乾更有法國麵包的真實感！

▌食材

原味麵糰適量

蛋黃液適量

難易度 ★

🕐 20 分鐘

▌步驟 Step by Step

麵
糰

① 麵糰分成 10g 一份，搓長成法國麵包形狀，利用小刀壓出三道痕跡，切的時候左右壓一下，讓切痕變寬。

② 在麵糰表面隨意塗上蛋黃液。

烘
焙

③ 將法國麵包餅乾放在烤盤上排好，送入烤箱以上火 170 度、下火 160 度烘烤 20 分鐘後出爐放涼。

菠蘿麵包造型餅乾

Home-Made Cookies

非常可愛小巧的一口小菠蘿，
只要揉一揉，切一切，
是小小孩也能一起製作的造型餅乾，
再搓個四肢頭尾就變成小烏龜囉～

▌食材

綠色麵糰 100g

紅色麵糰 100g

蛋黃液適量

細砂糖適量

難易度 ★

🕐 20 分鐘

▌步驟 Step by Step

麵
糰

① 使用造型餅乾麵糰加入紅麴粉調成紅色麵糰，抹茶粉調成綠色麵糰。

② 將麵糰分成 8g 一份，
搓成圓形，利用切板
或尺壓出格紋痕跡。

③ 在麵糰表面隨意塗上
蛋黃液，撒上細砂糖。

烘
焙

④ 將菠蘿麵包餅乾放在烤盤上排好，送入烤箱以上火 170 度、下火 160 度烘烤 20
分鐘後出爐放涼。

栗子造型餅乾

Home-Made Cookies

作法非常簡單,只要兩種麵糰就能組合塑形。

加入芝麻的香氣,讓味道大大提升!

塑形時的大小也能依照自己喜好變更,

記得尺寸越小,烘烤的時間就要稍稍縮短。

▍食材

原味麵糰 280g

可可芝麻麵糰 180g

難易度 ★★

🕐 20 分鐘

▍步驟 Step by Step

麵糰

① 使用造型餅乾麵糰加入可可粉和芝麻調成可可芝麻麵糰。

② 將可可麵糰搓長稍微壓平，中間呈現較高的半圓弧。

③ 將原味麵糰搓一樣長，頂部捏尖尖的疊上去。

烘焙

④ 麵糰用保鮮膜包起來做最後塑形，直徑約 4 公分，放入冰箱冷凍變硬固定。

⑤ 栗子餅乾變硬後切片，放在烤盤上排好，送入烤箱以上火 170 度、下火 160 度烘烤 20 分鐘後出爐放涼。

西瓜造型餅乾

Home-Made Cookies

基礎款的冰箱造型餅乾，
能直接一次製作長長一條，
想吃多少就切多少、烤多少。

食材

紅色麵糰 100g

綠色麵糰 50g

難易度 ★★

🕐 20 分鐘

步驟 Step by Step

麵糰

① 使用造型餅乾麵糰加入紅麴粉＋芝麻調成紅色麵糰，抹茶粉調成綠色麵糰。

② 將紅色麵糰滾成長條圓型。

③ 綠色麵糰依照紅色麵糰的長度用擀麵棍擀平。

④ 紅色麵糰放在綠色麵糰上，並捲起包覆住。

烘焙

⑤ 麵糰用保鮮膜包起來，利用 L 夾捲起整形固定，放入冰箱冷藏變硬。

⑥ 麵糰變硬後切片後再對切，放在烤盤上排好，送入烤箱以上火 170 度、下火 160 度烘烤 20 分鐘出爐放涼。

Tips 美味提點

可利用L夾或厚紙板、墊板之類較厚有彈性的道具，把麵糰整形的圓圓長長，直接放入冰箱幫助固定，減少麵糰放置的接觸面，就不會壓到變扁唷～

草莓造型餅乾

Home-Made Cookies

小朋友看到都會尖叫的草莓造型餅乾，
粉粉的顏色非常討喜，作法一點也不難，
學會了絕對是生日派對吸睛點心。

難易度 ★★★

🕐 20 分鐘

▌食材

粉紅色麵糰 100g
綠色麵糰 20g

麵糰

① 使用造型餅乾麵糰加入紅麴粉調成粉紅色麵糰，抹茶粉調成綠色麵糰。

② 將綠色麵糰分成 5g 四份，其中三份搓長，整型成長條三角形，放冰箱冷凍 5 分鐘。

③ 粉紅麵糰搓成長條，長度跟三角形綠麵糰一樣。

④ 將變硬的綠麵糰壓入粉紅麵糰裡，變成葉子，再將剩餘的綠麵糰壓平覆蓋在頂部。

⑤ 將麵糰倒過來，把底部整形成尖尖的樣子。

烘焙

⑥ 麵糰用保鮮膜包住，放入冰箱冷藏變硬固定。

⑦ 麵糰變硬後切片約 0.5 公分，並用牙籤搓出小洞。放在烤盤上排好，送入烤箱以上火 170 度、下火 160 度烘烤 20 分鐘後出爐放涼。

Tips 美味提點

如果想要有草莓味,可以添加草莓凍乾磨成粉;如
果直接添加天然草莓粉,烘烤過後會是偏咖啡色,
不可能是粉紅色唷～

　　休假的時候最常和孩子一起做的點心就是餅乾,不管是直接用手
捏捏揉揉,或是用模具擀擀壓壓,完全能取代黏土的存在,玩好還能
烤來吃。除了增進親子關係,孩子也能有滿滿的成就感!

　　食譜中除了一些經典的餅乾外,也有幾道不需要壓模的造型餅
乾,只要花點小巧思,像黏土一樣拼拼湊湊,就能製作彩色可愛的造
型小餅乾。

花朵造型餅乾

Home-Made Cookies

大大的花朵用兩種顏色組合搭配，
再用叉子壓出周邊線條，也可用小尺寸的壓模，
製作出大小不同的可愛花朵。

食材

紫色麵糰 150g

抹茶麵糰 70g

難易度 ★★★

🍪 直徑 2 公分圓形壓模、

5 公分圓形鋸齒壓模

🕐 20 分鐘

步驟 Step by Step

麵
糰

① 使用造型餅乾麵糰加
入紫薯粉調成紫色麵
糰，抹茶粉調成抹茶
麵糰。

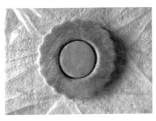

② 紫色麵糰用擀麵棍擀
平約 0.5 公分厚，使
用鋸齒狀壓模取出花
朵造型。

③ 再用小圓型壓模將花
朵中間麵糰取出。

④ 將綠色麵糰用擀麵棍
擀平約 0.5 公分厚，
使用小圓型壓模取出
造型。

⑤ 將小圓和花朵組合起
來。

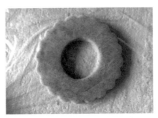

⑥ 利用叉子將周圍壓出
痕跡。

烘
焙

⑦ 將花朵餅乾放在烤盤上排好，送入烤箱以上火 170 度、下火 160 度烘烤 20 分
鐘後出爐放涼。

可愛表情造型餅乾

Home-Made Cookies

利用現有的小道具壓出可愛的圖案，
發揮想像力壓出不同的髮型和表情，刷上蛋黃液製造深淺，
不需要特別購買餅乾壓模，就能烤出獨一無二的表情小餅乾！

┃食材

原味麵糰適量

蛋黃液適量

┃難易度 ★★★

🍲 直徑 1 公分、3 公分圓形壓模

　　叉子、筷子、牙籤

🕐 20 分鐘

┃步驟 Step by Step

麵糰

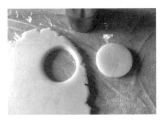
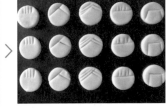

① 用擀麵棍將麵糰擀平約 0.5 公分厚，使用圓型壓模取出造型。

② 利用叉子在圓形麵糰壓出各種髮型。

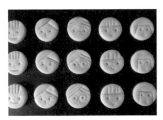
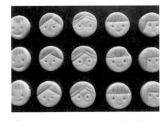

③ 用筷子壓出眼睛，用湯匙、叉子或小刀壓出嘴巴、鼻子造型；用小圓型壓出眼鏡，或用大吸管或適當尺寸的擠花嘴。

④ 在壓出的頭髮塗上蛋黃液。

烘焙

⑤ 將各式表情餅乾放在烤盤上排好，送入烤箱以上火 170 度、下火 160 度烘烤 20 分鐘後出爐放涼。

禮物造型餅乾

Home-Made Cookies

這款禮物餅乾是某一年聖誕節，
為了應景摸索出來的，也是非常簡單的一款！
一片片切下就像拆禮物一樣，
會有意想不到的驚喜唷！

難易度 ★★★★

🕐 **20 分鐘**

▌食材

粉色麵糰 55g 4 份

綠色麵糰 20g 4 份

綠色麵糰 40g 1 份

麵糰

① 使用造型餅乾麵糰，加入適量抹茶粉調成綠色麵糰，紫薯粉調成粉色麵糰。

塑型

② 將粉色麵糰整型成長條正方形。

③ 兩份 20g 綠色麵糰搓長壓扁，夾在兩條粉色麵糰中間。

④ 一條 40g 綠麵糰搓長擀平覆蓋上去。

⑤ 再將另一組粉色麵糰放上去。

⑥ 另外兩份 20g 綠色麵糰搓長整形成三角形。

⑦ 將整型成三角形的綠色麵糰放在中間當蝴蝶結，用保鮮膜包起來送入冰箱冷藏變硬固定。

烘焙

⑧ 固定後切片約 0.5 公分。

⑨ 將禮物餅乾放在烤盤上排好，送入烤箱以上火 170
　度、下火 150 度烘烤 20 分鐘後出爐放涼。

草莓蛋糕造型餅乾

Home-Made Cookies

女兒最愛的蛋糕造型，去掉草莓就直接變布丁，
多做一層蛋糕體組合，就變雙層蛋糕。
同樣的麵糰，就能變出不同的點心造型。

▌食材

可可麵糰 80g

原味麵糰 30g

紅色麵糰 24g

```
難易度 ★★★★

🕐 20 分鐘
```

▌步驟 Step by Step

麵糰

① 使用造型餅乾麵糰加入紅麴粉調成紅色麵糰，用可可粉調成可可麵糰。

② 將可可麵糰整形為立體長方形。

③ 利用筷子壓出三條凹槽，用保鮮膜包起送入冰箱冷凍 15 分鐘固定。

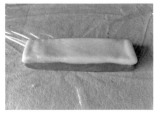

④ 將原味麵糰搓長，覆蓋在可可麵糰上壓平。

⑤ 紅色麵糰平均分成三份，搓長放在頂部。

烘焙

⑥ 麵糰用保鮮膜包起來放入冰箱冷凍固定 1 小時。麵糰固定後，切片約 0.5 公分厚。

⑦ 將草莓蛋糕餅乾放在烤盤上排好，送入烤箱以上火 160 度、下火 150 度烘烤 20 分鐘後出爐放涼。

杯子蛋糕造型餅乾

Home-Made Cookies

曾經買過一個類似的蛋糕餅乾壓模，
但都只能用單一顏色麵糰，無法顯現它的可愛，
用不同顏色組合壓模也很麻煩！
所以就這樣捏捏揉揉，一片片切下比壓模方便多了！
麵糰的顏色可以隨意更換，更加繽紛可愛，
也能烤出不同口味的蛋糕餅乾。

難易度 ★★★★★

🕐 20 分鐘

┃食材

可可麵糰 50g

原味麵糰 50g

抹茶麵糰 10g

紅色麵糰 3g

麵糰

① 使用造型餅乾麵糰加入紅麴粉調成紅色麵糰，可可粉調成可可麵糰，抹茶粉調成抹茶麵糰。

② 原味麵糰整形為立體長方形。

③ 可可麵糰搓長整形成半圓形。

④ 將可可麵糰覆蓋在原味麵糰上。

⑤ 抹茶麵糰搓長壓平。

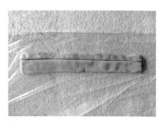

⑥ 紅色麵糰搓長，放在抹茶麵糰頂部。

⑦ 兩份麵糰分別用保鮮膜包起來，放入冰箱冷凍固定1小時。

⑧ 麵糰固定後，切片約0.5公分厚，並將蠟燭和蛋糕組合起來。

烘
焙

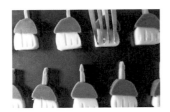

⑨ 用叉子在下方壓出痕跡。

⑩ 送入烤箱以上火 170 度、下火 160 度烘烤 20 分鐘
　 後出爐放涼。

Tips 美味提點

・先將杯子蛋糕主體和蠟燭分別做出來,切片後再組合。因為蠟燭太細小,如
　果直接組合後再切,蠟燭容易變形。也能將蠟燭改成粉紅麵糰做成草莓,就
　可以組合後再切～

・麵糰的顏色可以隨意更換,就能烤出不同口味的蛋糕餅乾。

青蛙造型餅乾

Home-Made Cookies

進階版切片餅乾，位置比例的拿捏需要多練習。
尤其眼睛一定要冷凍固定後再組合，
不然在組合的過程中會大變形！
比例拿捏熟練後，就能以此做變化，
做出小豬或熊貓之類的動物造型餅乾。

難易度 ★★★★★

🕐 25 分鐘

▌食材

綠色麵糰 140g

原味麵糰 100g

黑色麵糰 16g

▌步驟 Step by Step

麵糰

① 使用造型餅乾麵糰加入適量抹茶粉調成綠色麵糰，黑碳粉調成黑色麵糰。

塑型

  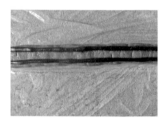

② 將 100g 原味麵糰搓長，整成立體長方形。

③ 抹茶麵糰 100g 一樣整成立體長方形疊上去。

④ 黑麵糰各 8g 搓成細長圓圓放兩側當眼睛（建議搓長後先放入冷凍固定，較不易變形）。

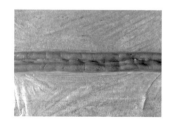

⑤ 抹茶麵糰各 20g 搓長壓扁後覆蓋眼睛。

⑥ 麵糰用保鮮膜包起來固定，做最後整形放入冰箱冷凍。

烘焙

⑦ 麵糰變硬後即可切片，並用牙籤搓出鼻子形狀。

⑧ 將青蛙餅乾放在烤盤上排好，送入烤箱以上火 160 度、下火 150 度烘烤 25 分鐘後出爐放涼。

7

吃滿足又零負擔的
減醣烘焙

巧克力堅果杯子蛋糕

Chocolate-Walnut Cupacakes

濃郁又鬆軟的巧克力杯子蛋糕，加上堅果增加口感。
美好的悠閒時光，來顆低碳水不發胖的甜點陪伴！

食材

雞蛋 200g

烘焙用杏仁粉 80g

無糖可可粉 30g

核桃 50g

赤藻糖醇 90g

植物油 80g

無鋁泡打粉 6g

難易度 ★

🍮 直徑 7 公分杯子紙模 6 份

🕐 25 分鐘

步驟 Step by Step

麵糊

① 取一調理盆，放入雞蛋和赤藻醣醇混合攪拌。

② 加入植物油拌勻。

③ 倒入過篩的可可粉、杏仁粉和泡打粉混合。

烘焙

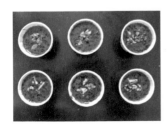

④ 將麵糊倒入紙模裡，上面再撒些碎核桃。

⑤ 送入烤箱以 180 度烘烤 25 分鐘出爐。

榛果瑪德蓮

Madeleines

瑪德蓮一直是女兒非常喜歡吃的點心，
可愛的貝殼外表也是吸引她的原因之一。
為了能讓她少攝取一些醣份，嘗試了非常多種配方。
這邊分享的配方是女兒最喜歡的，
也可以在麵糊中心加入幾顆藍莓或堅果，
使用健康天然的配料，變換不同口味並增加口感。

食材

雞蛋 100g	烘焙用榛果粉 50g
赤藻糖醇 50g	低筋麵粉 50g
無鹽奶油 80g	檸檬汁 20g
無鋁泡打粉 3g	

難易度 ★★

🥘 貝殼烤模 10 個

🕐 12 分鐘

步驟 Step by Step

麵糊

 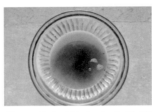 

① 奶油放入小鍋加熱融化煮至焦化。

② 用濾網過濾渣渣放稍涼備用。

③ 取一調理盆,放入雞蛋、赤藻醣醇混合,倒入過篩的麵粉、榛果粉和泡打粉混合。

④ 接著加入融化奶油和檸檬汁拌勻,送進冰箱冷藏 2 小時。

烘焙

⑤ 從冰箱取出麵糊並倒入模具裡,送進烤箱以 200 度烘烤 12 分鐘出爐。

Tips 美味提點

使用榛果粉取代部份麵粉,也可以取代全部麵粉,但口感會和傳統瑪德蓮略有差異,所以食譜中只用一半榛果粉分量,也能改成烘焙用杏仁粉。

伯爵榛果餅

Earl Gray Hazelnuts Shortbread

添加了伯爵茶葉增添風味，
食材非常簡單，而且無油無麵粉。
要確實烤乾口感才會硬脆，
烤不夠乾會類似手指餅乾，也是另有風味！

▋食材

雞蛋1顆

糖粉 40g

榛果粉 100g

伯爵紅茶葉 5 克

杏仁粒適量

難易度 ★

🕐 **25 分鐘**

▋步驟 Step by Step

麵糊

① 先用食物攪拌棒將紅茶打成粉備用。

② 取一調理盆，放入雞
　 蛋、糖拌勻，接著把
　 所有食材（杏仁除外）
　 混合，密封送進冰箱
　 冷藏1小時。

③ 將麵糊裝入擠花袋，
　 在烤盤上擠出一個個
　 圓形，並在上面放一
　 顆杏仁裝飾。

烘焙

④ 送入烤箱以上火 160 度、下火 150 度烘烤 25 分鐘
　 出爐放涼。

酪梨蛋糕

Avocado Pound Cake

酪梨是生酮飲食的好夥伴，安夏不喜歡直接吃酪梨，
一般都是打成酪梨牛奶直接喝。
酪梨油脂豐富，又稱水果界的奶油，
剛好取代奶油做成蛋糕，濕潤不甜膩，低糖低熱量！

食材

酪梨 80g

雞蛋 2 顆

低筋麵粉 50g

蜂蜜 20g

赤藻醣醇 30g

杏仁粉 50g

泡打粉 3g

難易度 ★★

🥘 18x9x6 公分長條烤模 1 個

🕐 30 分鐘

步驟 Step by Step

麵糊

① 取一調理盆，加入酪梨、雞蛋，用食物攪拌棒打成泥。

② 接著加入蜂蜜和赤藻醣醇拌勻。

③ 加入過篩的低筋麵粉、泡打粉和杏仁粉混合，並倒入烤模裡。

烘焙

④ 送入烤箱以 180 度烘烤 30 分鐘後出爐。

無油低糖戚風蛋糕

Chiffon Cake

使用黃豆粉取代部分麵粉，
淡淡的豆漿味，組織濕潤有彈性，
口感就跟全麵粉的戚風蛋糕一樣蓬鬆！

▍食材

冰雞蛋 3 顆

低筋麵粉 20g

生黃豆粉 30g

細砂糖 40g

無糖豆漿 40g

難易度 ★★

🍮 6 吋中空烤模 1 個

🕐 25 分鐘

▍步驟 Step by Step

麵糊

① 先將雞蛋的蛋黃和蛋白分開。

② 取一調理盆,加入蛋黃、豆漿混合攪拌。

③ 倒入過篩的低筋麵粉和黃豆粉混合。

④ 取一調理盆將蛋白打發至起泡。

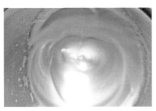

⑤ 接著分 3 次加入細砂糖打發至有小彎勾。

⑥ 取 ⅓ 蛋白加入麵糊裡混合。

烘焙

⑦ 再將麵糊放入蛋白切拌混合,並倒入模具裡。

⑧ 送進烤箱以上火 160 度、下火 140 度烘烤 25 分鐘,出爐倒扣放涼即可脫模。

椰子芝麻脆餅

Coconut Sesame Crackers

靈感來自於常見的杏仁片薄餅，
沒有使用雞蛋和奶油，用的是健康的椰子油和芝麻製作，
讓餅乾香脆又好吃！

▌食材

低筋麵粉 50g

麥片 50g

椰子油 40g

無糖豆漿 40g

細砂糖 30g

芝麻 30g

鹽巴一點點

難易度 ★★

🕐 15 分鐘

▌步驟 Step by Step

麵糊

① 用食物調理機將麥片打碎並倒入器皿中，加入椰子油、豆漿、糖、鹽巴攪拌均勻。

② 倒入過篩的低筋麵粉、麥片和芝麻拌勻。

③ 取少量麵糊，並隔一層保鮮膜，將麵糊壓平，可利用壓模整成圓形。

烘焙

④ 將壓好的麵糊排好放在烤盤上，送進烤箱以上火160 度、下火 150 度烘烤 15 分鐘出爐。

燕麥雪球

Oatmeal Wedding Cookie

小小一顆，讓人無限回味的雪球餅乾，
植物油的選擇非常重要呀！
使用品質好的油品，不然油耗味會很重，
容易膩口唷～

▌食材

低筋麵粉 50g   水 1 大匙

燕麥 50g   鹽一小撮

糖粉 30g   防潮糖粉裝飾用

葡萄籽油 40g

> **難易度 ★★**
>
> ⏱ **30 分鐘**

▌步驟 Step by Step

麵糰

① 先用食物調理機將燕麥打成粉備用。

② 取一調理盆，加入燕麥粉、過篩的低筋麵粉和糖粉混合。

③ 取一小碗，加入葡萄籽油、水和鹽攪拌乳化。

④ 將混合好的油水倒入麵粉裡，先用筷子快速攪拌，再用手按壓成糰。

烘焙

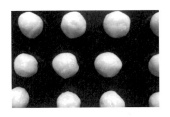

⑤ 把麵糰分成 10g，一顆顆搓圓，並放在烤盤上。

⑥ 送進烤箱以上火 160 度、下火 150 度烘烤 30 分鐘出爐。放涼後撒上糖粉裝飾即可。

可可千層蛋糕

Chocolate Mille Crepe Cake

無添加麵粉，內餡可夾入喜愛的水果，
可可粉也可以換成適量的茶粉
就能變化出不同口味的低糖千層蛋糕唷！

食材

雞蛋 300g	無鹽奶油 20g
細砂糖 20g	內餡
鮮奶 20g	鮮奶油 100g
可可粉 10g	細砂糖 5g

難易度 ★★★

🍳 15 公分小平底鍋

步驟 Step by Step

麵糊

① 奶油放在小鍋加熱至融化，並加入鮮奶和可可粉拌勻。

② 取一調理盆，加入雞蛋和細砂糖混合。

烘焙

③ 用 15 公分小平底鍋加熱，倒入一匙麵糊壓平煎熟。

④ 步驟 3 的動作反覆操作，約可煎 20 片。

⑤ 將鮮奶油加糖打發，取適量一層一層塗抹堆疊。

2AB867

餐桌上的人氣甜點：網路詢問度最高！
安夏司康、蛋糕、塔派、比司吉、瑪德蓮、造型餅乾…
減醣烘焙也 OK，超美味打卡食譜在家做

作　　　者	安夏	
責 任 編 輯	李素卿	
版 面 構 成	江麗姿	
封 面 設 計	走路花工作室	

行 銷 企 劃	辛政遠、楊惠潔
總 編 輯	姚蜀芸
副 社 長	黃錫鉉
總 經 理	吳濱伶
發 行 人	何飛鵬
出　　　版	創意市集
發　　　行	城邦文化事業股份有限公司 歡迎光臨城邦讀書花園
網　　　址	www.cite.com.tw

香港發行所　城邦（香港）出版集團有限公司
香港灣仔駱克道193號東超商業中心1樓
電話：(852) 25086231
傳真：(852) 25789337
E-mail：hkcite@biznetvigator.com

馬新發行所　城邦（馬新）出版集團
Cite (M) Sdn Bhd
41, Jalan Radin Anum, Bandar Baru Sri
Petaling, 57000 Kuala Lumpur, Malaysia.
電話：(603) 90578822
傳真：(603) 90576622
E-mail：cite@cite.com.my

印　　　刷　凱林彩印股份有限公司
2022年（民111）6月
Printed in Taiwan
定　　　價　450元

客戶服務中心
地址：10483台北市中山區民生東路二段141號B1
服務電話：（02）2500-7718、（02）2500-7719
服務時間：周一至周五9：30～18：00
24小時傳真專線：（02）2500-1990～3
E-mail：service@readingclub.com.tw

※廠商合作、作者投稿、讀者意見回饋，請至：
FB粉絲團・http://www.facebook.com/InnoFair
Email信箱・ifbook@hmg.com.tw

※ 詢問書籍問題前，請註明您所購買的書名及書號，以及在哪
　一頁有問題，以便我們能加快處理速度為您服務。

※ 我們的回答範圍，恕僅限書籍本身問題及內容撰寫不清楚的
　地方，關於軟體、硬體本身的問題及衍生的操作狀況，請向
　原廠商洽詢處理。

國家圖書館出版品預行編目 (CIP) 資料

餐桌上的人氣甜點：網路詢問度最高！安夏司康、蛋
糕、塔派、比司吉、瑪德蓮、造型餅乾…減醣烘焙也
OK，超美味打卡食譜在家做/安夏. -- 初版. --臺北市：
創意市集出版：城邦文化發行, 民111.6
　面；　公分
ISBN 978-626-7149-04-1(平裝)

　　1.點心食譜

427.16　　　　　　　　　　　　　　　111007168